融媒体版
入眼 · 入脑 · 入手 · 易教 · 乐学

高等职业教育公共基础课系列教材

职业核心素养教程

ZHIYE HEXIN SUYANG JIAOCHENG

李兴洲　单从凯 /主　编
高春玉　张筱茜　赵　鎏 /副主编
赵陶然　王宝月　潘嘉欣　刘徐迪 /参　编

北京师范大学出版集团
BEIJING NORMAL UNIVERSITY PUBLISHING GROUP
北京师范大学出版社

图书在版编目(CIP)数据

职业核心素养教程/李兴洲，单从凯主编. —北京：北京师范大学出版社，2021.3
ISBN 978-7-303-26388-2

Ⅰ. ①职… Ⅱ. ①李… ②单… Ⅲ. ①职业道德－高等职业教育－教材 Ⅳ. ①B822.9

中国版本图书馆 CIP 数据核字(2020)第 188015 号

营销中心电话 010-58802755 58800035
北师大出版社职业教育分社网 http://zjfs.bnup.com
电子信箱 zhijiao@bnupg.com

出版发行：北京师范大学出版社 www.bnup.com
北京市西城区新街口外大街 12-3 号
邮政编码：100088
印 刷：北京溢漾印刷有限公司
经 销：全国新华书店
开 本：787 mm×1092 mm 1/16
印 张：13.5
字 数：370 千字
版 次：2021 年 3 月第 1 版
印 次：2021 年 3 月第 1 次印刷
定 价：38.00 元

策划编辑：鲁晓双 责任编辑：赵雯婧 石雨晨
美术编辑：焦 丽 装帧设计：焦 丽
责任校对：段立超 王志远 责任印制：陈 涛

前　言

党的十八大以来，以习近平同志为核心的党中央把职业教育摆在了前所未有的突出位置。《国家职业教育改革实施方案》明确指出，“职业教育与普通教育是两种不同教育类型，具有同等重要地位”。发展职业教育是促进社会就业的重要途径，也是完善现代国民教育体系的必然要求，为全面建成社会主义现代化强国提供了强有力的支撑。

“职业核心素养”这一概念是职业教育领域的重要内容，职业院校的学生在日常学习、工作中都离不开职业核心素养。从字面意思来看，它可以看作“职业素养”与“核心素养”的有机结合体；而窥其内在价值取向，不难得出“职业核心素养”意在培养技术技能与道德素养“齐头并进”的复合型高素质劳动者。

本教材旨在实现“职业”与“核心”的有机结合，真正为高素质劳动者的培育提供理论层面的有效指导。我们在教材的编写中力求做到将教材内容与生产生活实际相结合，为办好新时代职业教育与培育新型职业人才服务。本教材具有如下特色。

1. 紧贴我国职业教育改革的新动态、新方向，理论与案例有机结合。本书共由六个项目组成，分别从职业核心素养概述、职业核心道德素养、职业核心沟通素养、职业核心执行素养、职业核心发展素养以及职业核心管理素养六个维度完成对“职业核心素养”的介绍。在案例的选取与项目间的衔接上也尽力做到了时效性与实用性的结合，以求能够为高素质劳动者和技术技能型人才的培养提供理论方面的支撑。

2.“项目—任务”式内容设计，易于学生理解和实践。本书每个项目下分为三个任务，每个任务中又穿插着“任务导入”“互动空间”“连线职场”“相关链接”以及“拓展阅读”等小的模块来丰富内容，项目与任务相衔接、理论与实例相结合，希望能够借此由上到下、层层递进地向读者传达职业核心素养的精神内核，在促进读者理解的同时，潜移默化地帮助读者提升对职业核心素养的认识、习得更多职场交往的艺术、进一步端正职业心态、最终将职业核心素养切实践行到日常职业生活中去。

3. 符合技术技能人才成长规律和学生认知特点，编排科学合理、梯度明晰。本教材对接国际先进职业教育理念，结合职业院校的自身特点和学生的学习现状，在编写过程中力求做到内容科学、形式新颖，使所介绍的理论知识和实践方法通俗易懂；内容结构安排清晰明了、逻辑严谨；为巩固和拓展学生所学知识，本教材在每个项目中还精心设置了“项目训练营”这一模块，帮助学生进行自主学习。

为力求教学性、学术性与阅读性的统一，本书在编写的过程中尽量拓展了文献来源，对不同领域的大辞典、学术著作与相关学术论文做出了有针对性的参考，在此向不同文献的原作者及其团队表示衷心感谢！

尽管校对再三，书中细节处的错误和纰漏亦在所难免，所给出的建议同样并非十全十美。故恳请各位读者以辩证、发展的眼光看待本书，对内容的不当之处给予批评指正或提出宝贵的修改意见，这将是我们对本书做出进一步完善的动力之源。

《职业核心素养教程》编委

目　录
CONTENTS

PROJECT1

项目一
职业核心素养概述

PROJECT 1

认知目标

明确“职业核心素养”基本概念，领会发展职业核心素养的重要性和必要性，并在此基础上找到适合的职业核心素养提升路径。

素养目标

通过理论与案例的有机结合，理解并内化职业核心素养这一概念的内涵，使之融入当下职业教育和未来职业生涯。

运用目标

通过切合实际的案例与问题分析，将职业核心素养外化于具体的职业活动中，实践并坚持良好的职业核心素养。

任务一　职业核心素养的基本认知

任务导入

独家服务

传统老店有传统老店的服务。南京清真绿柳居菜馆一直保存着一本厚厚的宾客档案，在其中写满了如李青山，男，78岁，患有心脏病，特别喜爱吃八宝饭和罗汉观斋；刘真，女，35岁，办公室上班族，嗜辣诸如此类的顾客信息，这种记录方法同其他餐饮店内记录顾客信息的方式迥然不同。在问及老板张师傅这种做法的意义时，他说道："我们做餐饮的，总想在食材料理上下功夫，以为掌握了最巧妙的火候、获取了最新鲜的原料，便能做出超越别家的美味。殊不知，众口难调，做出来的食物美味与否，还要靠每个食客来评价。所以与其一门心思在食物上下功夫，不如多考虑下每位顾客的感受。世界上好吃的菜千千万，但独我们家的吃起来最有味道。"

启示

张师傅在做菜方面独到的见解，不仅能带给不同食客最温暖的体验，也形成了自身独特的经营理念。张师傅另辟蹊径，从食客的角度入手来做好每一道菜，是其职业核心素养的综合体现。俗话说："三百六十行，行行出状元。"在高超技艺的背后，每位顶尖从业者必然会有对职业独到的理解，这种理解，就是职业核心素养在不同人身上的不同表现。

从全社会每一位从业者到各职业院校的学徒和学生，在其日常学习、工作中都离不开对职业核心素养这一概念的求索。一方面，只有在对职业核心素养不断加深理解与认知的过程中，个体才能够由浅入深地把握好自己的职业，进而明确自己的责任与义务，从而更好地融入社会；另一方面，在日复一日的工作、学习与生活状态下，唯有将全身心真正投入对职业核心素养的追求与践行中，个体才能够做到

“懂”自己的职业、“掌握”自己的职业技能，由此方能获得职业上的进步与蜕变。若不同的个体是社会不同职业的承载者，则职业核心素养可以被看作社会不同职业的灵魂，它给人以精神层面的营养与慰藉，并通过个体的行动外化为人类社会日新月异的发展变迁。

本任务将以职业核心素养的内涵为切入点，从不同的角度呈现这一概念的多元内涵。

一、职业核心素养的内涵

职业核心素养，从语义学的视角进行解读，是由“职业”“核心”与“素养”三个关键词构成的，其中，对“素养”一词的解读可以被看作把握“职业核心素养”这一概念的关键。

“素养”的出处源于《汉书·李寻传》：“马不伏历，不可以趋道；士不素养，不可以重国。”意为：“马匹没有得到足够的营养，是没有力气在路上奔驰的；人没有足够的能力，是没办法使国家强盛的。”可以看出，“素养”一词在出处中就是和能力这一概念相关的。《现代汉语词典》(第六版)中对素养一词的释义为“平日的修养”[①]，引申意义为由实践或训练而获得的一种道德修养。结合古今释义，不难看出，“素养”一词强调人的两个方面：一为道德，二为能力。因此，不论着眼点是“职业”抑或是“核心”，都离不开对道德和能力这两类特质的诉求。获得较广泛认可的一点是，核心素养(key competency)这一概念最早起源于职业教育领域，competence 一词所指的是个体对某项工作或职业的胜任能力。因此根据英文词义，key competency 又可被直译为“关键素养”，亦有学者将它译为“关键能力”。2019 年初新出台的《国家职业教育改革实施方案》明确指出，“职业教育与普通教育是两种不同教育类型，具有同等重要地位”。因此，站在职业教育的视角之上可以认为：职业教育领域所强调的“核心素养”，其本质即“关键能力”。

(一)从核心素养领域看职业素养

1.“中国学生发展核心素养”中的职业素养

2014 年，我国教育部研究并印发了《关于全面深化课程改革落实立德树人根本任

---

① 中国社会科学院语言研究所词典编辑室：《现代汉语词典》(第 6 版)，1241 页，北京，商务印书馆，2012。

务的意见》，其中为进一步提升我国综合育人水平、更好地促进各级各类学校学生全面发展和健康成长，明确指出“研究制订学生发展核心素养体系和学业质量标准”，“将组织研究提出各学段学生发展核心素养体系，明确学生应具备的适应终身发展和社会发展需要的必备品格和关键能力，突出强调个人修养、社会关爱、家国情怀，更加注重自主发展、合作参与、创新实践”。在此基础上，我国成立了职业教育核心素养研究课题组，历经三年的集思广益、集中攻关与比较研究，形成了《中国学生发展核心素养》这一重大成果，阐述了我国学生发展核心素养总体框架及其基本内涵，详见表1。

表1　中国学生发展的核心素养及其基本要点

主要方面	核心素养	基本要点
文化基础	人文底蕴	人文积淀
		人文情怀
		审美情趣
	科学精神	理性思维
		批判质疑
		勇于探究
自主发展	学会学习	乐学善学
		勤于反思
		信息意识
	健康生活	珍爱生命
		健全人格
		自我管理
社会参与	责任担当	社会责任
		国家认同
		国际理解
	实践创新	劳动意识
		问题解决
		技术应用

资料来源：核心素养研究课题组：《中国学生发展核心素养》，载《中国教育学刊》，2016(10)。

由表1可见，在我国学生发展核心素养中，“社会参与”这一方面体现出了较强的职业倾向性。职业是成熟个体的“社会责任”的寄托、“劳动意识”培养的长期有效途径和“技术应用”的践行载体。同时，在该核心素养体系之下，“创新”同样被看作职业素养不可或缺的重要组成部分。

2. 21 世纪世界范围内较具特色的核心素养框架

· 德国核心素养框架

“核心素养”这一概念最早在德国被提出，起初的意义主要为在社会中从事不同职业所需要的关键、综合的能力，而并非针对某项或某类职业的具体能力。这种能力是帮助个体在不断变化发展的社会中适应并进步的关键。在此基础上，德国不同专家、学者又对“核心素养”的具体意义做出有侧重性的界定，较为权威的核心素养框架由德国培训与教育协会提出。协会将“核心素养”分为十个方面，分别为：组织与执行工作任务、交往与合作、学习与工作技巧的使用、与人交谈的技巧、解决问题和判断能力、独立性与责任感、承受能力、创造性与适应能力、外语能力、学习能力①。在核心素养的这十个方面中，带有明显职业倾向性的为“组织与执行工作任务”“学习与工作技巧的使用”；同时，“学习能力”可以被看作贯穿个体一生的核心素养，它彰显着个体的能力与态度，能够使学习者受用终身。

· OECD 框架

经济合作与发展组织(Organization for Economic Co-operation and Development，简称 OECD)为进一步贯彻终身学习的教育理念，帮助年轻人应对复杂多变的社会发展，于 1997 年开始启动有关 21 世纪核心素养框架的研制工作，并于 2003 年形成了最终报告《素养的界定与遴选》(*Definition and Selection of Competencies: Theoretical and Conceptual Foundations*)，对社会大众所应具备的核心素养做出了质与量方面的界定，详见表 2。

表 2　OECD 核心素养框架

维度	组成部分
互动地使用工具 (Using Tools Interactively)	互动地使用语言、符号与文本； 互动地使用知识与信息； 互动地使用技术

① 楼飞燕、王曼等：《德国职业教育核心素养的探究及启示》，载《黑龙江高教研究》，2018(1)。

续表

维度	组成部分
在社会异质群体中互动 (Interacting in Heterogeneous Groups)	与他人建立良好的关系； 团队合作； 管理与解决冲突
自主行动 (Acting Autonomously)	在复杂的大环境中行动； 形成并执行个人计划或生活规划； 保护及维护权利、利益、限制与需求

在此核心素养框架的基础上，OECD同样伴随着时代发展变化的潮流与冲击，不断调整、补充并完善核心素养框架。2018年，站在世界迅猛发展变化的潮头，OECD官网发布了一份题为《教育与技能的未来：教育2030》的报告，为未来一段时期内人类的生活和教育构建了具有前瞻性的愿景，在此基础上，原有的核心素养框架也进行了相应的补充和完善。OECD的报告中为变革素养界定了新的三个跨领域、内在相互关联的变革能力，即创造新价值、勇于担责任以及学会解难题。新的素养要求过渡到职业教育领域同样适用。

· 欧盟参考框架

2005年，欧盟发布了针对欧盟各成员国的《终身学习核心素养：欧洲参考框架》(*Key Competences for Lifelong Learning*：*A European Reference Framework*)，其目的之一是确保各成员国的年轻人在基础教育与培训之外，应具备一定的核心素养以应对未来不断变化发展的世界。该核心素养框架主要包括八个大方面，分别为：母语沟通能力、外语沟通能力、数学和科技基本素养、数字(信息)素养、学会学习、社会与公民素养、创新与企业家精神、文化意识和表现①。该框架对每个方面的素养分别从知识、技能和态度三大维度进行描述，并指出“学会学习”是支持个体进行所有活动必不可少的重要素养。

可以看出，欧盟参考框架中，“学会学习”是社会各阶层、各职业的公民都必须掌握的核心素养，职业素养的培育和发展同样建立在此关键素养之上。

以上三类核心素养框架可以看作21世纪世界范围内核心素养框架较具权威性的

① European Commission. (2006). *Key Competences for Lifelong Learning*：*European Reference Framework*. Luxembourg：Office for Official Publications of the European Communities. Retrieved from http：//www.alfa-trall.eu/wp-content/uploads/2012/01/EU2007-keyCompetencesL3-brochure.pdf.

代表。结合我国与国外核心素养框架的具体内容和表述，不难看出：其一，核心素养框架并不具有某种特定的指向性，它适用于社会中不同身份、职业的个体，或者说对处于社会中的人提出了宏观、具有指导性的发展愿景。在“核心素养”框架之下，需要厘清的不仅仅是“培养什么样的人”这一教育层面的问题，更有着不同个体“如何适应飞速变化发展的世界”这一社会层面的问题。其二，诸多核心素养框架虽然存在着维度划分和内容表述上的差异，但均表达出了对“学会学习”这一素养的重视。重视对个体“元认知”能力的锻炼和培养、对“学习能力”的培育，已经成为世界范围内人才培养的共识。其三，在不同的核心素养框架中，对个体的职业素养总有着较为明确的划分和表达。如我国学生核心素养框架中的“社会参与”、德国核心素养框架中的“组织与执行工作任务”以及欧盟参考框架中的“创新与企业家精神”等。这些表明，在世界范围内，职业及其相关素养可以看作个体应具备的核心素养中不可或缺的组成部分。

（二）从职业素养领域看核心素养

1. 关键能力

综上所述，“关键能力”(key competency/core competency)可以被视为职业教育领域的“核心素养”。这一概念发迹于德国职业教育领域，20 世纪 70 年代首次被德国社会教育学家默滕斯(Mertens)提出。默滕斯认为，关键能力即指“那些与一定的专业实际技能不直接相关的知识、能力和技能，它更是在各种不同场合和职责情况下作出判断选择的能力；胜任人生生涯中不可预见各种变化的能力”①。在概念上，“关键能力”同上文的核心素养框架中提到的“学会学习”素养较为类似，具有普遍性、跨专业性和持久性。

- 美国 P21 框架

美国 21 世纪技能联盟(Partnership for 21st Century Skills，简称 P21)的成立，足以彰显美国对职业素养与职业基本技能的重视。P21 旨在探寻在 21 世纪能够帮助个体更好地适应复杂多变的社会的职业基本技能，进而建立起一套 21 世纪职业技能框架体系。这套框架具体内容如表 3 所示。

---

① Mertens，D. Schlüsselqualifikation，*Thesen zur Schulung für eine moderne Gesellschaft*，Mitteilungen aus der Arbeitsmarkt－und Berufsforschung，1974，pp. 36-43.

表 3　美国 21 世纪职业技能框架体系

标准与评价 → 课程与教学 → 教师专业发展 → 学习环境 →

纬度	具体内容
学习与创新技能	创造力与创新、批判思维与问题解决、交流沟通与合作
信息、媒体与技术技能	信息素养、媒体素养、ICT素养
生活与职业技能	灵活性与适应性、主动性与自我导向、社会与跨文化素养、效率与责任、领导与负责

由表 3 可见，美国的 21 世纪职业技能框架体系建立在标准与评价等四个系统的基础之上。该框架虽建立在“关注人们 21 世纪职场需要”的出发点之上，但总体而言，学校在其中起着决定性的作用。个体职业素养的培育与养成，很大程度上依赖学校或类似场所中学习环境的创设。一方面体现出了职业素养对核心素养体系较强的依赖性，另一方面更表达出成熟而完善的职业教育体系对个人职业素养形成的重要意义。

2. 职业素养

总体而言，职业素养所指的乃是作为社会从业者的个体在其职业活动中所表现出来的综合素质。这种综合素质并无绝对定义和分类，它囊括了从业者情感、态度、价值观以及技能等诸多方面的认知和表现，本书选取以下三个较有代表性的方面，对职业素养进行内容上的阐述。

(1)职业道德。职业道德既是一种具有普适性的社会道德准则，又是个人职业素养体系中不可或缺的组成部分。广义而言，职业道德是指从业者在自己的职业活动中需要恪守的行为准则，它涵盖了从业者与服务对象之间、从业者个体与群体之间以及社会不同职业之间的关系。狭义而言，职业道德指的则是个体在特定职业活动中需要恪守的行为准则与道德规范。《礼记·学记》有言：“一年视离经辨志，三年视敬业乐群。”职业道德首先能够反映出个体对工作或职业的责任感，其次同样是一个人自身素养的良好体现。

我国社会主义核心价值观中的“敬业”一词，即彰显出公民应具备的基本职业道德规范。敬业是对公民职业行为准则的价值评价，它要求公民忠于职守、克己奉公、服务人民、服务社会，它充分体现出了社会主义职业精神。

互动空间

高价皮鞋的背后

新百商场的全国劳模丁进有个徒弟叫吕学瑾，她是女鞋商场森达皮鞋专柜的营业员。今年新鞋上柜后，有一次她在业余时间逛商场时发现另一家大商场的一款森达皮鞋比新百市场的便宜了 80 多元。同个城市同款皮鞋怎么会有如此大的差价呢？带着疑惑，经过一番调查，她终于弄清楚原来这是厂家在送货时将零售价搞错了，但是柜台已经“高价”卖出了一百多双皮鞋。面对此种情况，小吕当即向领导做出汇报，并在第二天通过报纸登出致歉信息，向购买过此皮鞋的消费者道歉，并请消费者抽空到柜台领取差价。很多前来退款的顾客都忍不住夸赞她。

思考：吕学瑾身上体现出了怎样的职业核心素养？

(2)职业价值观。人的职业价值观建立在其完整的价值观之上。职业价值观指个体的人生目标或人生态度在职业方面的选择与具体表现。职业价值观没有固定的内容，但是可以从中看一个人是否具有爱岗敬业、吃苦耐劳、团队合作精神以及责任意识等品质，可以从侧面判断出一个人具有怎样的职业价值观。

职业价值观很大程度上与个体的职业兴趣紧密相关。美国职业指导专家霍兰德(John Holland)结合自身大量的职业咨询经验，编制出一套职业偏好量表(vocational preference inventory)并应用于实践。修订后又补充为自我导向搜寻表(self-directed search)，又译为兴趣自测量表。这些开拓了职业兴趣测评这一全新的研究和应用领域，并成为后来诸多心理学家建构和修订类似量表的有效参照。

本项目结尾处会附上完整的霍兰德职业兴趣自测量表，供读者进行职业兴趣方面的自测与参考。

(3)职业能力。有学者指出，职业能力(professional competence)这一概念，最早由德国的罗特提出，他将职业能力分为“自我能力、专业能力、方法能力和社会能力”[①]。在此基础上，后续又有不同的学者、从不同角度对职业能力进行了界定与分类，但总体而言没有离开德国职业能力界定的范畴，大都是在此基础上进行的细化与完善。

综合以上有关职业素养的论述，可以看出，不论是在相关职业素养框架的内容表述中，还是在职业素养的具体内容上，均基于人的基本素养。可以说，个体的职业素养首先建立在其自身的综合素养之上，因为每个人都是先历经了生理上的成长、后获取社会中的职业，因此个人的世界观、人生观和价值观会自然而然地反映在其对职业的认识和态度中。而职业素养又会潜移默化地影响甚至改变着个体的综合素养，也会促使一个人逐渐成长与成熟。

（三）职业核心素养基本概念

综上，有学者对“职业核心素养”的概念作出了较为细致的考量：职业核心素养乃是职业院校学生以及社会职业的从业者在其职业生涯中，从事任何行业均普遍存在、任何职业或工作岗位不可缺少的，是除岗位专业知识、技能和能力素养以外最基本、最关键的职业意识、职业精神、态度(职业人格)和职业能力等基本职业素养集合，它与岗位专业技能无关，也可被称为“职业关键素养”或“职业通用素养”。[②]

站在学术界的视角看待职业素养，其内涵更偏向职业意识、职业道德、职业技能或职业行为习惯等职业方面的素养；而站在职业教育的视角对核心素养进行解读，其内涵则更偏向道德素养、专业素养、合作素养或创新素养等普罗大众均需追求的共同社会价值取向。综合不同视角，本书作出大致梳理，将“职业核心素养”的具体构成要素界定为职业理想与信念、职业道德与人格、职业行为习惯、职业关键能力四大维度。

二、职业核心素养的构成要素

（一）职业理想与信念

“理想是石，敲出星星之火；理想是火，点燃熄灭的灯；理想是灯，照亮夜行的路；理想是路，引你走到黎明。”这是当代著名诗人流沙河先生的现代诗《理想》中的句

① 赵志群：《职业能力研究的新进展》，载《职业技术教育》，2013(34)。

② 参见方健华：《中职学生职业核心素养评价及其标准体系建构研究》，硕士学位论文，南京师范大学，2014。

子。理想和信念是人精神层面的价值取向，反映在现实中就是人们所向往、所追求、所奋斗的目标。理想和信念是人成长与前进道路上的巨大精神动力。相类似的，职业理想与信念就是个体在职业生涯中所向往、追求和奋斗的目标。它一方面作为精神动力支撑着个体坚守在自己的岗位上，一方面又实体化为人在职业生涯中或大或小的诸种诉求。

习近平总书记在党的十九大报告中讲道："中国共产党人的初心和使命，就是为中国人民谋幸福，为中华民族谋复兴。"也是因此，"不忘初心，牢记使命"的主题教育活动在全党全国范围内踊跃展开。在此基础上，对社会中任意一位从业者而言，"初心"所指的就是个体的职业理想与信念，"使命"便是职业理想和信念的实体化追求。

（二）职业道德与人格

上文中已对作为职业素养组成部分之一的职业道德进行了论述。作为职业核心素养重要组成部分的"职业道德与人格"，特指个体在职业生涯中，具有鲜明职业特色和职业道德品质的人格特征。具体而言，它指的是个体在职业活动以及整个职业生涯中，将外部的职业道德准则经过自身的认知与理解，内化为具有个人特色的职业道德人格。爱岗敬业、诚实守信、遵纪守法、团结协作、开拓进取、责任意识等，都是较为理想的职业道德与人格品质，值得每一位从业者为之努力和奋斗。

（三）职业行为习惯

如果说职业道德与人格与个体原有的综合素养密切相关，那么职业行为习惯的养成则更依赖于特定的职业。职业行为习惯的形成大多是潜移默化的，如服装设计师在生活中对他人的穿衣打扮更加敏感，牙医对陌生人的牙齿状况往往更为关注等。特定的职业行为习惯一旦养成，很大程度上会成为个体独具特色的职业生涯标志，大多难以改变。职业行为习惯同样有好恶之分，因此，从业者在从业初始阶段有意识地养成良好的职业行为习惯，对其后续的职业生涯发展将大有裨益。

（四）职业关键能力

职业关键能力同上文所介绍的"关键能力"并无本质上的区别。若要进行更为细致的划分，则大致可分为一般职业能力、专门职业能力与综合职业能力三大类别。其中，一般职业能力主要包含一般学习能力、语言表达能力、社会交往能力、团队协作能力以及判断力等能力；专门职业能力则主要包含某一职业所必需的、具有较强指向性的能力，它是雇主在进行人才招聘时最为看重的部分之一；综合职业能力在内容上同“关键能力”较为一致，它主要指跨职业的、分析问题、解决问题的能力，这更偏向一种横向的能力，可以帮助个体较快地适应不同职业间的切换。

拓展阅读

故宫匠人二三语

2016年，由中国中央电视台出品的文物修复类纪录片——《我在故宫修文物》，一经播出，便广受好评。片中第一次完整呈现了世界级的中国文物修复过程和技术，展现文物的原始状态和收藏状态；第一次近距离展现文物修复专家的内心世界和日常生活；第一次完整梳理了中国文物修复的历史源流；第一次通过对文物修复领域“庙堂”与“江湖”的互动，展现传统中国四大阶层“士农工商”中唯一传承有序的“工”阶层的传承密码，以及他们的信仰与变革。下面选取纪录片中的经典片段，我们来一起从中品悟文物修复匠人们的苦与乐。

——择一事，终一生。

——文物其实跟人是一样的，你看，我们从过去最早的时候说，玉有六德，以玉比君子，玉就是一块破石头，它有什么德性啊，但是中国人就能从上面看出德性来。所以中国人做一把椅子，就像在做一个人一样，他是用人的品格来要求这个椅子的。中国古代人讲究格物，就是以自身来观物，又以物来观自己。所以我跟你说，古代故宫的这些东西是有生命的。人在制物的过程中，总是要把自己想办法融到里头去。人在这个世上来了，走了一趟，虽然都想在世界上留点啥，觉得这样自己才有价值，很多人都认为文物修复工作者是因为把这个文物修好了，所以他有价值，其实不见得。

——干我们这一行，必须得坐得住。

——干的时间长了，慢慢也就磨出来了，主要你还得喜欢它，你要真坐不住，那你就改行呗。

……

请思考：从上述语录中，故宫文物匠人们什么样的精神打动了你？又给了你怎样的启发？

资料来源：央视纪录片《我在故宫修文物》。

任务二　职业核心素养的意义价值

任务导入

星星与泥土

第二次世界大战期间，一位叫塞尔玛的年轻女子，陪伴丈夫驻防在美国中部加州一个靠近大沙漠的陆军军事基地里。营区的生活条件很差，酷暑难耐，那里大部分时间的温度都在45摄氏度以上，而且风总是整天吹个不停，尘土到处飞扬。

一次，她的丈夫奉命到沙漠深处参加为期一个月的军事演习，把她一人留在基地的铁皮营房里。周围居住的全都是不懂英语的印第安人，她寂寞难耐，于是写信给父母要求回家。她的父母很快回信给她，信中只有两行字，“有两个犯人从牢房的铁窗向外看，一个人看到的是荒凉和泥土，另一个看到的却是夜空中的星星。”

塞尔玛将这两行字看了又看，领悟了父母的意思：如果一个人总是低头看，结果就只能看到地上的泥土。为什么不能抬头仰望星空呢？这样就会发现，我们的生活不只有泥土，还有无垠的星空。她感到羞愧难当。“好吧！那我就去找那些星星吧！”塞尔玛暗下决心。

从那天后，她强迫自己走出屋子，主动和当地人交朋友，并向他们请教如何编制工艺品和陶艺制作。当地人热情地接纳了她，并把很多舍不得卖给客人的精美工艺品送给了她……她也因此迷上了印第安的文化、历史、语言以及更多的事物。此外，她还着手开始研究沙漠，观察沙漠中的日出日落、动物植物。沙漠依旧、土著人依旧，而塞尔玛对待周边的态度却在改变。两年过去了，塞尔玛根据自己的生活经历写出了《快乐的城堡》一书，出版之后广受好评。

我们人类可以通过改变态度而改变生命。一个人的心态，有时不仅仅决定着事情的成败，更决定着人生的方向。

启示

心态的转变带给塞尔玛人生道路的改变。作为核心素养的重要组成部分，一个人对待生活、工作的态度，有时同样决定着他职业生涯的长短和成败。在此种程度上，职业核心素养的培育，何尝不是对一个人对待职业的心态的磨炼呢？

资料来源：简单：《泥巴和星星之间》，载《课堂内外(高中版)》，2002(10)。引用时有改动。

一、培育职业核心素养的重要性分析

职业核心素养的培育，对职业教育体系内的学生以及社会上不同种类职业的从业者而言，都有着重大的影响、价值和意义。拥有良好的职业核心素养，对个体的职业生涯而言属于锦上添花；对社会而言则意味着劳动者素质的普遍提升；对行业企业而言，拥有较高职业核心素养的员工，是改革、发展与不断前进的动力源泉。

(一)对个人而言

第一，培育职业核心素养对个体而言有着重要的意义和价值。对于尚未成熟的个体而言，学校为学生提供学习的场所，教师则起到言传身教的作用。在课堂中和课外培养学生的诸种优秀核心素养，一方面能够帮助学生成长为一个优秀的人，帮助其树立良好的三观；另一方面也为学生职业素养的形成奠定坚实的基础，从而提升个体未来的职业竞争力。职业核心素养并非一成不变的条框，而是反映在社会每位从业者身上的品德、观念和意志。每个成长中的儿童都将是未来社会不同行业、不同类别的从业者，因此培育学生群体的职业核心素养，就可以被看作每个个体未来生活和就业资本的积累。而对于已经在社会上从事某种职业的个体而言，进行职业核心素养的培育，不仅能帮助其更好地认识自己的职业、明确未来发展方向，更能帮助从业者实现职业技能、职业价值观的巩固与提升，进而实现自我的成长、进步和蜕变。

第二，培育职业核心素养，能够在纷繁复杂的社会生活中，帮助从业者形成精神上的支柱，强化自身的职业信念。如敦煌研究院保护研究所前副所长李云鹤，他六十年如一日地从事敦煌文物修复工作，经手的每一块壁画都要经历除尘、注射、回贴和滚压四个连续的步骤，重复仔细检查，方能最大程度地实现每一块壁画的“修旧”效果。李云鹤先生对敦煌文物充满感情，而修复文物对他而言也早已不仅仅是一项工作，而且是穷尽毕生的精神追求。

（二）对社会而言

个体职业核心素养的培育，对社会的运转和发展而言，同样是至关重要的。

第一，个体良好的职业核心素养是集体职业核心素养得以奠定的基石。社会不同类别的行业企业，若要维持长久，均离不开精神文化这一内在支撑。行业、企业的核心精神文化，就是从业者群体职业核心素养的凝结与升华。个体良好的职业核心素养，是个体职业生命力的进步源泉；群体良好的职业核心素养，是行业、企业生命力的源头活水；行业、企业良好的精神文化，则是促进经济社会可持续发展、形成良性产业链循环、稳固社会文化经济秩序的必由之路。

互动空间

青岛集团与“双星猫”

青岛双星集团是我国制鞋业的旗舰企业，也是当今世界上生产规模最大的制鞋业企业。在青岛双星集团总部、十大生产基地遍布全国的2000多家双星连锁店的大门口，你会看到两座雕塑。这两座雕塑，不是两座汉白玉的狮子，而是两尊黑白大猫：一尊是正在抓老鼠的黑猫，一尊是特别漂亮但却不抓老鼠的白猫，人们把这两只猫叫作“双星猫”。在两尊黑白猫雕塑的底座上，镌刻着这样一副对联，上联是：“不管黑猫白猫，抓住老鼠就是好猫。”下联是：“不管说三道四，双星发展是硬道理。”

对双星人来说，这副对联就是他们的经营理念和座右铭。它表明的具体内涵是：“市场是企业的最高领导”、企业“生产跟着市场走，围着市场转，随着市场变，将市场作为检查一切工作的标准”“有人就穿鞋，关键在工作”“等待别人给饭吃，不如自己找饭吃”“岗位是市场，竞争在机台”“不干活的要下岗”“功劳平平的要换位”等。在这样一系列理念指导下，双星集团20多年来敢为人先。1983年年底，他们在青岛市第一个摆脱商业部门的束缚，背着鞋箱到市场找饭吃。在双星集团，那些不干的、看的、光知道喊口号的和调皮捣蛋的是绝对没有市场的。按照总裁汪海的话说：“双星猫”往门口一站，就把双星人的经营理念给“站”出来了，自己该怎么做和不该怎么做一下子就清楚了。这其实就是文化经营。另外，连锁店门前放一对猫，而不是放两只雄狮，容易引发人们的好奇心，使人们都前来观看，从而拓宽市场，拉动市场的经营。

思考：从这个故事中，企业精神文化为企业的发展带来了怎样的力量？

第二，对个体与群体职业核心素养的培育，是巩固和强化从业者自身核心素养的有力途径。通过在职培训、企业文化活动等诸多灵活的方式，对社会从业者进行职业核心素养的灌溉与熏陶，能够较为有效地迁移到个体自身核心素养的熏陶中来。社会的运转离不开秩序与和谐，这种秩序与和谐基于每个独立个体的价值取向与精神意志被催生出来。培养不同从业者的职业核心素养，本质上等同于对从业者的继续教育。《礼记·大学》有言："苟日新，日日新，又日新。"勤于省身、不断革新，是个体得以不断进步发展的重要方法，而对个体进行职业核心素养的培养，是实现这些方法的重要催化剂。

二、培养职业核心素养的必要性

职业核心素养的培养，小到每位从业者，大到社会与国家，都是重要且必要的。失去或弱化了对从业者职业核心素养的培养，个体的职业生涯乃至社会的发展进步均会受到一定程度的阻碍。

（一）社会发展现状带来的诉求

人类社会进步的速度正呈现着几何式的爆发，全球范围内先后发生的三次工业革命，不仅极大地促进了社会生产力的发展，更对世界经济未来的格局产生了巨大影响。以智能制造为主导的第四次工业革命（简称工业 4.0）以工业强国德国为排头兵，引领起世界范围内制造业的革新和经济发展方向的转型，在我国则表现为《中国制造 2025》的行动纲领。

相关链接

创新驱动。坚持把创新摆在制造业发展全局的核心位置，完善有利于创新的制度环境，推动跨领域跨行业协同创新，突破一批重点领域关键共性技术，促进制造业数字化、网络化、智能化发展，走创新驱动的发展道路。

质量为先。坚持把质量作为建设制造强国的生命线，强化企业质量主体责任，加强质量技术攻关、自主品牌培育。建设法规标准体系、质量监管体系、培育先进质量文化，营造诚信经营的市场环境，走以质取胜的发展道路。

绿色发展。坚持把可持续发展作为建设制造强国的重要着力点，加强节能环保技术、工艺、装备等的推广应用，全面推行清洁生产。发展循环经济，提高资源回收利用效率，构建绿色制造体系，走生态文明的发展道路。

结构优化。坚持把结构调整作为建设制造强国的关键环节，大力发展先进制造业，改造提升传统产业，推动生产型制造向服务型制造转变。优化产业空间布局，培育一批具有核心竞争力的产业集群和企业群体，走提质增效的发展道路。

人才为本。坚持把人才作为建设制造强国的根本，建立健全科学合理的选人、用人、育人机制，加快培养制造业发展急需的专业技术人才、经营管理人才、技能人才。营造大众创业、万众创新的氛围，建设一支素质优良、结构合理的制造业人才队伍，走人才引领的发展道路。

——《中国制造 2025》的基本方针

《中国制造 2025》为我国未来十年的制造业设计了顶层规划和路线蓝图。在此大背景下，为了进一步实现“中国制造”、提升国家制造业创新能力，对创新型技术技能人才的需求将大量增加。而现阶段，我国职业教育及培训所培养出的人才远远不能满足我国经济社会发展的需求。其原因虽然是方方面面的，但复合型技术技能人才的缺失，很大程度上同我国不到位的职业教育核心素养教育密切相关。在各职业院校和行业企业中紧抓职业核心素养的培育，不仅能够在一定程度上缓解我国社会人才空缺的压力，为“中国制造 2025”的早日实现贡献力量，同样能够赋予我国发展态势疲软的职业教育内部自信和动能，鼓励职业教育体系的更好更优发展，符合我国经济社会发展对“高素质、复合型、技能型人才”的迫切需求。

(二)《国家职业教育改革实施方案》的政策要求

2019 年 2 月份发布的《国家职业教育改革实施方案》(又名职教 20 条)，可谓新时代以来我国职业教育领域最具权威性的改革方案。此外，《国家职业教育改革实施方案》还鲜明地指出“职业教育与普通教育是两种不同教育类型，具有同等重要地位”，并提出了“培养高素质劳动者和技术技能人才”“为促进经济社会发展和提高国家竞争力提供优质人才资源支撑”等一系列的总体要求与目标，彰显了我国未来阶段对高素质职业技能人才的培养要求。为实现这一目标，《国家职业教育改革实施方案》进一步提出，“高等职业学校要培养服务区域发展的高素质技术技能人才”“完善‘文化素质+职业技能’的考试招生办法，提高生源质量”“开展高质量职业培训”以及“多措并举打造‘双师型’教师队伍”等方针。上述一系列措施，充分显示出国家职业技能人才培养模式的转变，即从现有的量的基础上，进一步提升对职业教育质的发展要求。职业核心素养是高水平职业技能人才必不可缺的灵魂，培育个体的职业核心素养，是《国家职业教育改革实施方案》的政策要求所在。

综上所述，一方面，培育个体乃至群体职业核心素养的必要性催发于其重要性，这对个体、群体的发展和社会的进步本就有着不言而喻的重要价值；另一方面，职业核心素养的培育是我国制造业转型发展和国家职业教育改革政策的必然要求，它通过直接作用于每个作为个体的从业者，间接作用于行业企业乃至社会。

拓展阅读

李开复：做最好的自己

每次职业转身，正因王牌在握，李开复才能做到真正“追随我心”。

2009年9月初，一年多以来的传闻终于落了地，李开复亲口承认自己与谷歌(Google)缘分已尽，挥手告别，开始以创业者的身份面对大众。

过去21年的职业生涯，李开复走得相当顺利，甚至可以用一帆风顺来形容。尽管业界也有不和谐的声音，例如媒体指责他过于作秀，注重个人品牌胜过企业品牌；指责他诚信不够，从互为竞争对手的微软跳入Google……但却没有阻碍他在职业经理人的发展道路上越来越成功。而当摆脱职业经理人的身份之后，去总结李开复在个人职业生涯发展中的构成基因——李开复手中的职业“王牌”，对于正在打拼的职场人来说，在观念上或许有非常深刻的启示作用。

王牌一：不将“路”走到头

面对比上一份合同报酬更高的新合同，为什么李开复却选择了不再续签？李开复之所以选择离开Google，是因为他发现自己将进入个人发展的“瓶颈”阶段。这也是李开复职业生涯中最值得学习的一点——任何一个职业阶段，不要让自己职业生涯的“瓶颈”产生恶果之后，再去采取对策。除去薪酬，Google显然已经不能够给予李开复更多价值。在中国，李开复已经获得了巨大的号召力和影响力，Google平台对于李开复提升个人品牌已经不再具有更深层次的作用。另外，Google在中国的发展策略和Google的企业文化一直存在悖论，正如许多业界评论家所说，李开复在Google的4年非常不容易，沟通与妥协的难度不是一般人可以应付的。

王牌二：将个人价值实现最大化的兑现

将个人职业价值在合适的时机主动寻求最大化的兑现，这也是李开复的另一个职业生涯发展原则。

1998年李开复之所以能够加入微软，负责在中国组建研究院，使自己的职业生涯得到一个跨越式发展，根本上讲是自身的职业价值符合当时微软的需要：微软已经决定要在中国建设研究机构，最棘手的问题是找不到合适的人来领导并管理。而李开复的华人身份、技术人员的出身背景以及在知名企业的管理经验，无疑让自己成为了最合适的人选。但除此之外，李开复自身始终保持着主动的姿态，这也是他获得成功的重要因素。李开复主动发送了求职信、并主动推销自己，表示自己对设立微软办事处很感兴趣。也正是因为这种积极的态度，李开复才能够得到后来出任Google中国总裁的机会。

王牌三：把握业界的浪潮

从卡内基梅隆大学留校任教开始，到与Google挥手作别的这段职业生涯中，李开复一共换了5份工作。在这一过程中，除了成功实现了自己从学校研究者到跨国企业高管这一个职业生涯转变的同时，李开复似乎也秉持着一脉相承的思维模式——通过变换工作的企业，紧紧把握住业界发展的浪潮。

1990年，李开复离开卡内基梅隆大学进入苹果公司，彼时正值个人计算机在全球范围内普及化的高峰阶段。1996年，李开复转投SGI出任网络产品部全球副总裁，彼时互联网的热潮开始在美国兴起。1998年，李开复受命组建微软中国研究院，彼时微软凭借全新产品Windows 98奠定了自己在业界的霸主地位。2005年，李开复跳槽Google，彼时搜索技术在全世界范围内得到空前的发展。

2018年12月，李开复入选“中国改革开放海归40年40人”榜单。

资料来源：乐天：《李开复：职涯发展的“三张王牌”》，载《新前程》，2009(10)。

任务三　职业核心素养的提升路径

任务导入

宜家：培训每时每刻，随时随地

宜家(IKEA)在五大洲的30多个国家拥有170多家分店。在进行员工培训时，宜家不喜欢把人放在一间屋子里整齐地坐好听老师讲课，“服务行业本身不适合这种方式的培训管理，因为涉及产品和顾客，你总不能把产品拆了，把各式各样的顾客拉到这里来做示范吧?”因此，宜家的培训是在员工之间，尤其是在新老员工之间进行每时每刻、随时随地的经验分享与言传身教。宜家的培训规划有很多种，就英语来说，宜家一方面会聘请外教，另一方面也会送员工去语言培训中心学习。宜家认为，更实用也更便利的是公司内部的环境，宜家是一家跨国公司，工作语言是英语，而在和客户打交道的时候，也会经常碰到客户讲英语的情况，在这种现实场景中学习语言可谓得天独厚。

宜家还有一个特别之处，就是它的“外援”——来自瑞典总部的员工，分布在宜家的各个部门，并不都是管理人员。这样做的目的是希望把宜家的企业文化渗透到每一个细胞里去，而不只局限于企业的“头脑”。

启示

宜家独具特色的企业培训文化，本质上是潜移默化地将员工的职业核心素养渗透到每天的工作过程中。通过实际的培训环境、真实的工作场景，能够最大化地帮助员工融入企业内部，从而帮助其尽快把握好自己的职业角色。职业核心素养培育的路径各有不同，其成效也是各具特色的。

职业核心素养是多元化、具有高度灵活性和建构性的，因此，它的培育和提升路径同样是多样化的、能动的。大到培养方针与计划的制定，小到教学任务和目标的落实，都可看作潜移默化培养个体职业核心素养的有效途径。以下内容为职业核心素养的培养和提升提供几个行之有效的路径，以期能为职业院校和行业企业中的职业培训体系提供有效的借鉴。

一、将职业核心素养的培育融入教学体系中

针对各职业学校而言，对学生进行职业核心素养的培养，必须要从整体的教学体系入手，明确将职业核心素养的培育纳入教学任务的范畴。

首先，要将职业核心素养的培育列入人才培养计划中。人才的培养是长效的体制机制，它涉及职业院校学生学习专业方向、学习模式、考核评估模式和就业发展方向等方方面面。各中职、高职院校应建立起职业核心素养培育的长效机制，通过具体的课堂教学和课后测评，让职业核心素养的培养贯穿于整个职业教育培养体系中，做到专业学习和素养提升齐头并进。如此，个体才能够获得技能和素养的双重进步。

其次，要将职业核心素养的培育纳入专业教学计划。职业教育是注重实操的教育，理论课与实践课程享有同等重要的地位。一方面，教师在理论课程的传道授业过程中，应有意识地融入良好职业道德、职业价值观和职业态度方面的内容；另一方面，在实操课程和具体的实践中，教师应当结合不同专业课程的教学任务，引导学生进行良性的小组竞争与合作，并创设一定的职业情境来锻炼学生的职业核心素养，组织学生进行课后的总结与反思。从而来主动强化学生的素养意识，提升学生对自身的职业素养要求。

最后，要将职业核心素养的培育落实到具体的课程体系与课堂教学中。任何教学计划与大纲，终究要落实到每一节的课堂教学中来。职业核心素养作为核心素养的重要组成部分与外延之一，同样需要专门课程的创设、讲解与指导。因此，在各职业学校中设立专门的职业核心素养课程是至关重要的。在专门的职业核心素养课程中，教师能够对学生进行职业道德人格、职业理想信念、职业行为习惯等一系列职业核心素养的教授，给学生以直观的讲解与启发；在专业课和各实操课堂中，教师同样应将职业核心素养所强调的精神品质潜移默化进课堂教学过程中，引导学生在思维和行动方向上朝着良好的职业素养方向靠拢，并最终将其内化为个人的精神品质。

二、将职业核心素养的培育融入企业精神文化中

在各职业院校以外，社会中的行业企业、各职业培训机构，同样需要重视对从

业者职业核心素养的培育和锻炼。

优质的企业精神文化是任何企业得以长久生存的价值源泉，它是企业群体意识、群体行为规范的风向标，更是企业上下共同的价值追求。将职业核心素养融入企业精神文化中，具体而言，即指将良好的职业理想信念、职业价值观、职业行为习惯和职业责任意识等融入企业的日常建设中来，通过口号标语、团建活动、日常熏陶等方式，将良好的职业核心素养转化成企业哲学、企业精神文化的重要组成部分。表现在每位职工身上，则是内化于心，外化于行，从而建设从管理到执行阶层上下贯通的集体职业核心素养。

互动空间

每桶4美元的标准石油

阿基伯特只是一位美国标准石油公司的普通员工，但他无论在什么场合中签名，都不忘附加公司的一句宣传语“每桶4美元的标准石油”。时间一长，同事们干脆给他起了“每桶4美元”的外号，他的真名反倒慢慢没有人叫了。

董事长洛克菲勒听闻此事后，便差人叫来了阿基伯特，问他：“别人总用‘每桶4美元’来称呼你，你就没有一点情绪吗?”阿基伯特答道：“每桶4美元不正是我们公司的宣传语吗？别人叫我一次，就相当于替我们公司免费做了一次宣传啊！我为什么要有情绪呢?”洛克菲勒闻言感慨道：“时时刻刻都想着为公司做宣传的人，正是我们公司需要的员工啊!”

五年后，洛克菲勒辞职，阿基伯特成为美国标准石油公司的下一任董事长，他得到升迁的重要原因之一就是他一直坚持不懈地坚守岗位、为公司做宣传。在每桶石油上都署名“每桶4美元的标准石油”，算不算工作中微不足道的小事？严格来说，这件事甚至都不在阿基伯特的工作范围之内。但他不仅坚持做到了，还从一而终做到了最后。那些曾拿他开玩笑的同事们，肯定有不少人的能力、才华都在阿基伯特之上，但到了最后，只有阿基伯特成为了公司的董事长。

讨论：阿基伯特的故事给了你怎样的启示?

三、创建并完善职业核心素养的评价机制

一套较为完备的培养方案或体系，离不开一套评价机制与其相辅相成。职业核心素养的培养同样如此。前面数次重复，职业核心素养并非一套固定的组成和模式，故其评价机制也不能单纯复制类似随堂测验、中期考试之类的普通教育评价模式。结合职业核心素养培育这一过程的复杂、灵活和多元化特征，一套与之匹配的评价机制的创建和完善，势必要经历更为复杂的指标筛选和体系建构。而此种评价机制目前在我国也仍处在不断摸索和探究的过程中。近年来，已有学者以职业教育的某个特定阶段(如中职)为试点，试验并创建出了一套信效度较高、可操作性较强的职业核心素养评价机制，用以评价中职学生的职业核心素养和全面发展水平。就我国整个职业教育体系而言，发展出一套相对完整的职业核心素养评价机制，在未来一段时间内仍将是学术探索的重点。

四、优化职业核心素养培育的外部路径

优化对从业者职业核心素养培育的外部路径，在各职业院校中，表现具体在提升教师的素养和质量和紧抓“双师型”教师的培育方面。优质的教师队伍才是保证职业核心素养课程质量的关键因素。第一，教师自身首先要明确职业核心素养的重要意义，对职业核心素养的内容和培养方式形成自己独到的理解，才能够切实给予学生以启发和帮助。第二，在此基础上，职业教师队伍之间要定期开展教学研讨活动，群策群力，在沟通、交流和互动中加深教师团队对职业核心素养及其培养方式的体认，使之能更有效地落实到实际课堂教学中。第三，还要针对教师群体定期开展职业核心素养考评工作，在学校政策和执行层面加深对职业核心素养的重视，给予教师群体一定的鼓励和支持，从而调动起教师教学的积极性。

优化对从业者职业核心素养培育的外部路径，表现在各行各业职业培训体系中，具体在于进一步深化和优化产教融合，创建终身职业教育、职业培训的大环境。对于新入职员工而言，注重入职培训中职业核心素养和企业精神文化的培育，将很大程度上有利于企业生命力的保持。对于已入职的员工而言，定期的、规模化和仪式性的在职培训同样必不可少，个体和集体职业核心素养的培育正是以此种方式得以持续和巩固。为使此种职业培训不流于形式，企业可以与合作职业院校、普通高校

进行专家和教师之间的友好互通，邀请领域内不同的专家学者，采取讲座、座谈会或研讨会等丰富的形式展开交流活动。职业核心素养的培育本就不是固化的，因此培育模式、方式和流程同样也应多变而灵活。

互动空间

自断经脉的苹果树

一棵苹果树，终于结果了。

第一年，它结了10个苹果，9个被拿走，自己得到1个。对此，苹果树愤愤不平，于是自断经脉，拒绝成长。第二年，它结了5个苹果，4个被拿走，自己得到1个。“哈哈，去年我得到了10%，今年得到20%！翻了一番。”这棵苹果树心理平衡了。

但是，它还可以这样：继续成长。譬如，第二年，它结了100个果子，被拿走90个，自己得到10个。很可能，它被拿走99个，自己得到1个。但没关系，它还可以继续成长，第三年结1000个果子……

其实，得到多少果子不是最重要的。最重要的是，苹果树在成长！等苹果树长成参天大树的时候，那些曾阻碍它成长的力量都会微弱到可以忽略。最重要的并不是每年留下了多少果子，而是经历了成长。

你是不是一个已自断经脉的打工族？

刚开始工作的时候，你才华横溢，意气风发，相信“天生我才必有用”。但现实很快敲了你几个闷棍，或许，你为单位做了大贡献没人重视；或许，只得到口头重视但却得不到实惠；或许……总之，你觉得自己就像那棵苹果树，结出的果子自己只享受到了很小一部分，与你的期望相差甚远。于是，你愤怒、你懊恼、你牢骚满腹……最终，你决定不再那么努力，让自己的所做去匹配自己的所得。几年过去后，你一反省，发现现在的你，已经没有刚工作时的激情和才华了。

“老了，成熟了。”我们习惯这样自嘲。但实质是，你已停止成长了。

而这样的故事，在我们身边比比皆是。

之所以犯这种错误，是因为我们忘记生命是一个历程，是一个整体，我们觉得自己已经成长过了，现在是到该结果子的时候了。我们太过于在乎一时的得失，而忘记了成长才是最重要的。

好在，这不是金庸小说里的自断经脉。我们随时可以放弃这样做，继续走向成长之路。

启示：生活同样如学习一般逆水行舟，不进则退，在职场中亦如此。若对现状不满，你是选择自怨自艾、怨天尤人，还是积极进取、摆脱困境？上面的小故事又给了你怎样的启发？

拓展阅读

金子已经被比尔·盖茨拿走

某学校最近组织了一次论坛活动，邀请到的嘉宾是国内一位出色的企业家。在互动环节，同学们自然更多地提到在金融危机中如何更好地就业和创业的问题。

企业家说："那我提出一个问题，看在座的同学们怎么回答。假如一条大河的对岸刚发现了一座大的金矿，但是河水很深，而你们又不会游泳，你们又渴望得到一大笔财富，那你们该怎么办呢？"

有人说："绕到河水浅的地方再过河。"

有人说："练习游泳，练会了再游过去。"

也有人说："造条船，能过河就行。"

还有人说："建一座桥，就可以到达河的对岸了。"

企业家点点头，微笑着说："你们说的都不错，你们的目的是为了过河，绕到河水浅的地方过河也未尝不可，但是一条大河，你知道浅水处在什么地方呢？这样找很浪费时间，有时候成功是要有一点冒险精神的，太保守反而错过良机。练习游泳也行，但当你学会了游泳并且真正能够游到对岸时，估计一切都晚了，机会来了不抓住，机会就会溜走。造船、建桥也可以，但你想想，造一条船、建一座桥需要多大成本，需要多少时间呢？"

"毕竟有的人很善于游泳，人家已经在第一时间游到对岸，对岸的金子已经被人提前注册了商标、申请了专利。”

“比尔·盖茨就是一个善泳者，他最先发现了财富并且最先游到对岸去，金子已经被比尔·盖茨拿走了。”企业家有些开玩笑地说。

“真正的财富只能被少数的天才拥有。”

看着同学们有些失望的眼神，企业家接着说：“或许你们不是天才，但是只要你们肯动脑筋，转过弯来，也一定会有很多成功的道路。”

“金子已经被比尔·盖茨拿走了，如果这时候你就灰心丧气、打退堂鼓，那注定你要两手空空、一无所有。”

“那么这时候你们发现机会了吗?”企业家顿了顿，接着说：“汲取了不会游泳而失去财富的教训，这时候一定会有很多人想学游泳，那么机会来了，你可以开游泳馆，请人教授游泳，你一样也可以发财。还有造船的应继续造船，建桥的也应继续建桥，人家比尔·盖茨有很多金子，也需要过河，你可以跟他收过路费，一样也可以赚大钱的。然后你们再看，造船也需要木材商，建桥还要水泥商……机会还有很多很多。”

“比尔·盖茨拿走了金子，他同样也要分一些给你们。所谓成功之路千千万，只要你们不用非法的手段和他硬抢金子，而是另辟蹊径，让他自愿送金子……”

项目训练营

霍兰德职业兴趣自测量表及答案对照表

霍兰德职业兴趣测试由美国著名职业指导专家霍兰德编制，主要用于确定被测试者的职业兴趣倾向，进而用于指导被测试者选择适合自身职业兴趣的专业发展方向和职业发展方向。霍兰德提出的6种基本职业类型为：实用型R、研究型I、艺术型A、社会型S、企业型E、常规型C。

第一部分　你心目中的理想职业(专业)

对于未来的职业(或升学进修的专业)，您得早有考虑，它可能很抽象、很朦胧，也可能很具体、很清晰。不论是哪种情况，现在都请您把自己最想干的3种工作或最想读的3个专业，按顺序写下来。

________________　________________　________________

第二部分　你感兴趣的活动

下面列举了若干种活动，请就这些活动判断你的好恶。喜欢的，请在横线上打“√”，反之打“×”。一个“√”计一分。

R：实际型活动 1. 装配修理电器或玩具________ 2. 修理自行车________ 3. 用木头做东西________ 4. 开汽车或摩托车________ 5. 用机器做东西________ 6. 参加木工技术学习班________ 7. 参加制图描图学习班________ 8. 驾驶卡车或拖拉机________ 9. 参加机械和电气学习班________ 10. 装配修理机器________ 统计所有“√”的得分为________	A：艺术型活动 1. 素描/制图或绘画________ 2. 参加话剧/戏剧________ 3. 设计家具/布置室内________ 4. 练习乐器/参加乐队________ 5. 欣赏音乐或戏剧 ________ 6. 看小说/读剧本 ________ 7. 从事摄影创作 ________ 8. 写诗或吟诗 ________ 9. 参加艺术(美术/音乐)培训 ________ 10. 练习书法________ 统计所有“√”的得分为________
I：调查型活动 1. 读科技图书和杂志________ 2. 在实验室工作________ 3. 改良水果品种，培育新的水果________ 4. 调查了解土和金属等物质的成分________ 5. 研究自己选择的特殊问题________ 6. 解算术或玩数学游戏________ 7. 物理课________ 8. 化学课________ 9. 几何课________ 10. 生物课________ 统计所有“√”的得分为________	S：社会型活动 1. 参加学校或单位组织的正式活动________ 2. 参加某个社会团体或俱乐部活动________ 3. 帮助别人解决困难________ 4. 照顾儿童________ 5. 出席晚会、联欢会、茶话会________ 6. 和大家一起出去郊游________ 7. 希望获得关于心理方面的知识________ 8. 参加讲座会或辩论会________ 9. 观看或参加体育比赛和运动会________ 10. 结交新朋友 ________ 统计所有“√”的得分为________
E：事业型活动 1. 说服鼓动他人________ 2. 卖东西________ 3. 谈论政治________ 4. 制订计划、参加会议________ 5. 以自己的意志影响别人的行为________ 6. 在社会团体中担任职务________ 7. 检查与评价别人的工作________ 8. 结交名流________ 9. 指导有某种目标的团体________ 10. 参与政治活动________ 统计所有“√”的得分为________	C：常规型(传统型)活动 1. 整理好桌面和房间 ________ 2. 抄写文件和信件 ________ 3. 为领导写报告或公务信函 ________ 4. 检查个人收支情况________ 5. 参加打字培训班 ________ 6. 参加算盘、文秘等实务培训________ 7. 参加商业会计培训班________ 8. 参加情报处理培训班 ________ 9. 整理信件、报告、记录等________ 10. 写商业贸易信________ 统计所有“√”的得分为________

第三部分　你擅长的活动

下面列举了若干种活动，其中你能做或大概能做的事，请在横线上打“√”，反之打“×”。一个“√”计一分。

R：实际型能力 1. 能使用电锯、电钻和锉刀等木工工具________ 2. 知道万用表的使用方法________ 3. 能够修理自行车或其他机械________ 4. 能够使用电钻床、磨床或缝纫机________ 5. 能给家具和木制品刷漆________ 6. 能看建筑设计图________ 7. 能够修理简单的电气用品________ 8. 能修理家具________ 9. 能修理收录机________ 10. 能简单地修理水管________ 统计所有“√”的得分为________	A：艺术型能力 1. 能演奏乐器________ 2. 能参加二声部或四声部合唱________ 3. 能独唱或独奏________________ 4. 能扮演剧中角色________ 5. 能创作简单的乐曲________ 6. 会跳舞________ 7. 能绘画、素描或书法________ 8. 能雕刻、剪纸或泥塑________ 9. 能设计板报、服装或家具________ 10. 写得一手好文章________ 统计所有“√”的得分为________
I：调研型能力 1. 懂得真空管或晶体管的作用________ 2. 能够列举三种蛋白质含量多的食品________ 3. 理解铀的裂变________ 4. 能用计算尺、计算器、对数表________ 5. 会使用显微镜________ 6. 能找到三个星座________ 7. 能独立进行调查研究________ 8. 能解释简单的化学________ 9. 理解人造卫星为什么不落地________ 10. 经常参加学术的会议________ 统计所有“√”的得分为________	S：社会型能力 1. 有向各种人说明解释的能力________ 2. 常参加社会福利活动________ 3. 能和大家一起友好相处地工作________ 4. 善于与年长者相处________ 5. 会邀请人、招待人________ 6. 能简单易懂地教育儿童________ 7. 能安排会议等活动顺序________ 8. 善于体察人心和帮助他人________ 9. 帮助护理病人和伤员________ 10. 能安排社团组织的各种事务________ 统计所有“√”的得分为________
E：事业型能力 1. 担任过学生干部并且干得不错________ 2. 工作上能指导和监督他人________ 3. 做事充满活力和热情________ 4. 能有效利用自身的做法调动他人________ 5. 销售能力强________ 6. 曾担任俱乐部或社团的负责人________ 7. 向领导提出建议或反映意见________	C：常规型能力 1. 会熟练地录入中文________ 2. 会用外文打字机或复印机________ 3. 能快速记笔记和抄写文章________ 4. 善于整理保管文件和资料________ 5. 善于从事事务性的工作________ 6. 会用算盘________ 7. 能在短时间内分类和处理大量文件________

续表

8. 有开创事业的能力________ 9. 知道怎样做能成为一个优秀的领导者________ 10. 健谈善辩________ 统计所有"√"的得分为________	8. 能使用计算机________ 9. 能搜集数据________ 10. 善于为自己或集体做财务预算表________ 统计所有"√"的得分为________

第四部分　你喜欢的职业

下面列举了多种职业，请逐一认真地看，如果是你感兴趣的工作，请在横线上打"√"；如果是你不太喜欢、不关心的工作，请打"×"。一个"√"计一分。

R：实际型职业 1. 飞机机械师________ 2. 野生动物专家________ 3. 汽车维修工________ 4. 木匠________ 5. 测量工程师________ 6. 无线电报务员________ 7. 园艺师________ 8. 长途公共汽车司机________ 9. 测绘、水文技术人员________ 10. 电工________ 统计所有"√"的得分为________	A：艺术型职业 1. 乐队指挥________ 2. 演奏家________ 3. 作家________ 4. 摄影家________ 5. 记者________ 6. 画家、书法家________ 7. 歌唱家________ 8. 作曲家________ 9. 电影电视演员________ 10. 电视节目主持人________ 统计所有"√"的得分为________
I：调查型职业 1. 气象学或天文学者________ 2. 生物学者________ 3. 医学实验室的技术人员________ 4. 人类学学者________ 5. 动物学学者________ 6. 化学学者________ 7. 数学学者________ 8. 科学杂志的编辑或作家________ 9. 地质学学者________ 10. 物理学学者________ 统计所有"√"的得分为________	S：社会型职业 1. 街道、工会或妇联干部________ 2. 小学、中学教师________ 3. 精神病医生________ 4. 婚姻介绍所工作人员________ 5. 体育教练________ 6. 福利机构负责人________ 7. 心理咨询员________ 8. 共青团干部________ 9. 导游________ 10. 国家机关工作人员________ 统计所有"√"的得分为________

E：事业型职业	C：常规型职业
1. 厂长________	1. 会计师________
2. 电视片编制人________	2. 银行出纳员________
3. 公司经理________	3. 税收管理员________
4. 销售员________	4. 计算机操作员________
5. 不动产推销员________	5. 簿记人员________
6. 广告部长________	6. 成本核算员________
7. 体育活动主办者________	7. 文书档案管理员________
8. 销售部长________	8. 打字员________
9. 个体工商业者________	9. 法庭书记员________
10. 企业管理咨询人员________	10. 人口普查登记员________
统计所有“√”的得分为________	统计所有“√”的得分为________

第五部分　你的能力类型简评

下面两张表是您在 6 个职业能力方面的自我评定表。您可以先与同龄者比较出自己在每一方面的能力，然后经斟酌后对自己的能力进行评估。请在表中适当的数字上画圈。数字越大，表示你的能力越强。注意，请勿全部画同样的数字，因为人的每项能力不可能完全一样。

表 A

R 型	I 型	A 型	S 型	E 型	C 型
机械操作能力	科学研究能力	艺术创作能力	解释表达能力	商业洽谈能力	事务执行能力
7	7	7	7	7	7
6	6	6	6	6	6
5	5	5	5	5	5
4	4	4	4	4	4
3	3	3	3	3	3
2	2	2	2	2	2
1	1	1	1	1	1

表 B

R 型	I 型	A 型	S 型	E 型	C 型
体育技能	数学技能	音乐技能	交际技能	领导技能	办公技能
7	7	7	7	7	7
6	6	6	6	6	6
5	5	5	5	5	5
4	4	4	4	4	4
3	3	3	3	3	3
2	2	2	2	2	2
1	1	1	1	1	1

第六部分　统计和确定你的职业倾向

请将第二部分至第五部分的全部测验分数按前面已统计好的 6 种职业倾向（R 型、I 型、A 型、S 型、E 型和 C 型）的得分填入下表，并进行纵向累加。

测试	R 型	I 型	A 型	S 型	E 型	C 型
第二部分						
第三部分						
第四部分						
第五部分 A						
第五部分 B						
总分						

请将上表中的 6 种职业倾向的总分按大小顺序依次从左到右排列：

________型　________型　________型　________型　________型　________型

第七部分　你所看重的东西——职业价值观

这部分测验列出了人们在选择工作时通常会考虑的 9 种因素（见下附工作价值标准）。现在请您在其中选出最重要的两项因素，并将序号填入下边相应空格中。

最重要________　　次重要________

最不重要________　　次不重要________

附：工作价值标准

1. 工资高、福利好
2. 工作环境(物质方面)舒适
3. 人际关系良好
4. 工作稳定有保障
5. 能提供较好的受教育机会
6. 有较高的社会地位
7. 工作不太紧张、外部压力少
8. 能充分发挥自己的能力特长
9. 社会需要与社会贡献大

答案对照表

PROJECT 2

项目二
职业核心道德素养

PROJECT 2

认知目标

了解职业核心道德素养的主要内容；懂得职业核心道德素养的基本要求；理解职业核心道德素养的重要意义。

素养目标

真正理解职业核心道德素养。

运用目标

能够运用忠诚、诚信、敬业的意识指导行动，做到忠诚、诚信和敬业，自觉进行自我监督和互相督促，崇尚忠诚、诚信和敬业的美德，为将来步入职场奠定坚实的道德基础。

任务一　忠诚——职场最重要的美德

任务导入

送信给加西亚的人

安德鲁·罗文是美国陆军的一位年轻的中尉，一个送信人。当时古巴是西班牙的殖民地，古巴岛的西班牙士兵残酷迫害那里的百姓，因此，古巴人十分向往自由。当时美国对古巴也很感兴趣，这不仅因为是邻国，更重要的是美国在古巴有大量的投资。美国总统麦金莱向古巴派遣了一艘作为美国标志的军舰，意在保护美国在古巴的利益。在一次西班牙人的爆炸行动中，美国战舰被击沉了，从而激怒了美国，于是美国总统向西班牙发出严重的警告，之后引发了美西战争。在开战之前，美国总统麦金莱急需一名能把信送给加西亚的人，需要了解西班牙军队在古巴的全部情况。军事情报局向总统推荐了安德鲁·罗文，罗文接受任务后，没有问“加西亚在什么地方?”“到哪里能找到加西亚?”就立即出发，也没有任何人跟随前往。他经过四天的水路到达古巴，再经过三个星期徒步穿越这个岛国，避过层层关卡，历尽艰辛，终于把信送给加西亚。从故事记载可得知，罗文是当年4月8日从华盛顿出发，30日才到达加西亚营地，返程困难重重，当年罗文是5月回到华盛顿的，为政府带来了重要的情报。最后，古巴在美国的帮助下取得了战争的胜利。

后来，阿尔伯特·哈伯德将这个故事写成《致加西亚的信》一书，其中反映了主人公罗文以其绝对忠诚的职业品质和创造奇迹的主动性，完成了一件“不可能的任务”的传奇故事。

启示

当你接到一个看似不可能完成的任务时，你的第一反应是什么？你会怎么说？怎么做？

资料来源：李新明：《校之亲》，西安，西北大学出版社，2013。

职业道德是指人们在职业生活中应遵循的基本道德，即一般社会道德在职业生活中的具体体现。它是职业品德、职业纪律、专业胜任能力及职业责任等的总称，属于自律范围，它通过公约、守则等对职业生活中的某些方面加以规范。

职业道德既是本行业人员在职业活动中的行为规范，又是行业对社会所负的道德责任和义务。

本项目以办事公道、诚实守信、真诚服务、无私奉献等职业道德为核心任务，致力于促进学生对职业核心道德的认识、理解，引导促进学生在进入职场后，能够始终坚持真诚服务，以办事公道和诚实守信作为其基本行为准则，力求达到无私奉献的职业道德境界。

一、忠诚含义的基本解释

在新华字典中，“忠诚”的含义为：尽心竭力，忠诚无私。在一些词典中，“忠诚”被分别解释为：“忠，尽心竭力”，“诚，真心实意”。诚，中国古代的哲学术语与道德的行为规范。“忠诚”，广义上指对所发誓效忠的对象(国家、人民、事业、上级)、朋友(盟友)、情人(爱人)或者亲人(亲戚)等真心诚意、尽心尽力，没有二心。简言之，“忠诚”就是尽心竭力，真心诚意，一心一意，专注不二。《忠经》有云：忠者、中也，至公无私。忠也者，一其心之谓矣。

所谓忠诚，意为尽心竭力，赤诚无私。企业员工的忠诚度是指员工对于企业所表现出来的行为指向和心理归属，即员工对所服务的企业尽心竭力的奉献程度。员工忠诚度是员工对企业的忠诚程度，它是一个量化的概念。忠诚度是员工行为忠诚与态度忠诚的有机统一。

在这里，忠诚有两层含义：一是对职业的忠诚；二是对企业的忠诚。

(一)对职业的忠诚

所谓“对职业的忠诚”，就是热爱自己的职业，热爱自己的岗位，热爱自己所从事的工作，刻苦钻研技术技能，努力使自己成为所在职业领域内的行家里手。

这是职业人应遵循的职业基本准则，是指对企业或个人遵守承诺和契约的品德及行为。

互动空间

李·艾柯卡的故事

福特汽车公司面临重重危机之时，艾柯卡临危受命担任总经理。他大刀阔斧进行改革，使福特汽车公司走出了危机。在困境中，艾柯卡说过这样一句话："只要我在这里一天，我就有义务忠诚于我的企业，我就应该为我的企业尽心竭力地工作。"后来，由于老板小福特的错误，艾柯卡离开了福特公司，但他仍很欣慰自己为福特公司所做的一切。"无论我在哪一家公司服务，忠诚都是我的一大准则。我有义务忠诚于我的企业和员工，到任何时候都是如此。"艾柯卡这样说。正因如此，当艾柯卡以总裁身份受命于危机深重的克莱斯勒的时候，凭借忠诚和人格魅力他迎来了大量忠实的跟随者。在随后的六年里，艾柯卡为克莱斯勒创造了24亿美元的利润，比克莱斯勒前60年的利润总和还多。

难怪美国前总统乔治·赫伯特·沃克·布什承认：唯有艾柯卡是我总统竞选之路上最强有力的竞争对手。

在一项对优秀企业老板的调查中，当被问道"你认为员工最重要的品格是什么"时，老板们几乎无一例外地选择"忠诚"。所以，比尔·盖茨指出：忠诚是员工一切美德之首。

一直以来，索尼都有这样一个招聘原则："如果想进入公司，请拿出你的忠诚来。"索尼能不能接纳一个人进入公司，首先要看他是否忠诚。

什么是忠诚？忠诚为何如此重要？员工应该如何去忠诚呢？

资料来源：张建主编：《职校生现代文明修养读本：文明行者》，徐州，中国矿业大学出版社，2012。引用时有改动。

（二）对企业的忠诚

所谓"对企业的忠诚"，就是认同企业文化，认同企业的管理，将个人的命运与企业的兴衰紧密联系在一起，尤其是当企业遇到困难时，能够与企业风雨同舟、荣辱与共。忠诚度高的员工会全身心投入工作中去，把个人的发展融入企业发展中去。而偷奸耍滑、出勤不出力，牺牲公司利益、形象而谋求个人私利，吃里扒外、损公肥私，不求有功、但求无过、不思进取混日子等行为均属于"不忠"。

忠诚就意味着责任，意味着对公司的利益负责。有一本小书，名叫《每人只错一点点》，讲述了一个发人深省的真实故事。巴西远洋公司"环大西洋"号海轮是条技术先进的船，但在一次海难中沉没了，21名船员全部遇难。当救援船到达出事地点时，有人从中发现了一张纸条，上面记载着21名船员的留言：每个人都犯了一点错误，每个人都没有很好地负责，最终酿成船毁人亡的悲剧，这就是大家在死亡临近时做出的结论。每个人都要对自己的工作负责，这就是忠诚的直接体现。

很多人认为忠诚度就是员工不跳槽，这样的解释是错误的，或者说是片面的。对于忠诚度的准确理解应当是员工认真地履行合同，在合同规定的范围内认真履行义务，用人单位也要在合同规定的范围内认真履行义务，双方共享彼此应当享受的权利，合同的义务和权利都能够被履行和享受的程度即为忠诚度。

二、忠诚的价值

（一）忠诚对个人的价值

在组织中，忠诚表现在工作中主动、责任心强、细致周到地体察上司的意图、将工作做到最好等方面。同时忠诚是不以表现作为寻求回报的筹码的，但是在个人忘我的工作中，使人生价值得到最大的体现。

对企业组织的忠诚使员工有机会超越自己，赢得组织信任，赢得成长机会、自由创新、展示创造力，随着专业的发展和权威的树立，对组织的使命感和认同能力也在不断提升。员工对组织忠诚，实际上是对自己的职业发展负责，对自己的人生负责的充分体现。

然而，员工对企业组织忠诚也会出现不利的情况。其一，极端的忠诚也可能使员工只能从对企业的贡献中感受自己的价值，因而可能会扭曲对自我价值的感知；其二，当企业组织的价值或使命不值得员工忠诚，如企业组织腐败，企业管理无序或管理人员过于自私等时，忠诚的员工就无法得到成长的机会，盲目忠诚可能会使个人沦为企业或组织牟利的工具。

互动空间

职业经理人典幸离开TH服装公司时，老板承诺的60万元年薪也只兑现了18万元。但典幸并没有因此怀恨TH公司的老板，反倒是一如既往地忠诚于

TH公司。在他离开TH公司的当月，就有另一家服装公司的老板请他喝茶，开价120万元年薪邀请他加盟。这120万元年薪，除了冲着典幸的能力外，还冲着典幸掌握着TH的全部经营秘诀——新东家和TH服装公司是多年的老对头，他们想从典幸身上找到打败TH公司的突破口。

典幸拒绝了这120万元年薪的邀请，因为忠诚是他做人的原则。

老板得知自己手下有如此廉洁的员工，感动得几乎流下泪来："我身边很多人都时时刻刻在想办法弄走我的钱，如果他们都能够像你这样，该多好啊！"

离开TH服装公司，拒绝了多位老板邀请，身心疲惫的典幸决定自己创业。他以自由职业者的身份，给企业做管理咨询，业余时间从事写作，这样一干就是一年多时间。

这期间，TH服装公司先后高薪聘请三位财务总监。有了对比才知道差距，老板发现，无论工作能力还是职业品质，典幸都是无人能及的。尤其当他得知竞争对手曾经高薪邀请典幸，而典幸没有接受时，他更感觉到典幸的难得。

有能力、有智慧的人才有许多，而有智慧又忠诚的人才却难以找到。为此，他再次向典幸发出了邀请。这一次，他给出的年薪是原来的两倍，并承诺将一年多前欠的42万元工资补给典幸。

忠诚的魅力是无穷的，它是一个员工的优势和财富，它能换取老板的信任与坦诚。如果你有了忠诚的美德，总有一天，你会发现它会成为你巨大的财富。相反，如果你失去了忠诚，那你就失去了做人的原则，失去了成功的机会。

思考：通过这个小故事，你觉得忠诚具有什么价值呢？

资料来源：郭林生：《世界500强企业员工的15种美德》，北京，华夏出版社，2008。

（二）忠诚对企业的价值

1. 提高生产和服务效率

效率是人们如何熟练地工作与如何勤奋地工作的乘积。一般来说，员工在一个企业中待得越久，他们对业务和企业文化就越熟悉，积累的经验越多，他们的工作就越有效率。另外，忠诚的员工为企业和顾客创造丰富的价值并受到相应的优待和回报，就会倍感自豪，从而更加积极主动，不惜余力地工作，其工作效率也就倍增。

2. 吸引并留住顾客

经验丰富的员工懂得如何取得顾客的信任，招揽有价值的客户，更好地为客户服务，从而争取更高的顾客保持率，创造更多的销售额和利润，这给自己和企业都会带来更多的价值。

3. 创造更多的利润

随着员工经验的逐渐丰富，他们将会更加有效地争取顾客，他们的顾客保持率就会上升，员工钱包份额也会日益增长，他们对企业也会更加积极，员工的贡献和利润也越来越大。

4. 节约招聘培训及管理费用

如果员工经常流失，就要不断地招聘新员工。招聘新员工，需要投入广告、面试、录用等招聘费用；为了日后的工作富有成效，对新招来的员工要进行培训，又要增加培训费用；新员工上岗后还有一个熟悉企业的过程，企业对员工还要试用一段时间，从中择优录用，这又增加了企业的管理费用。而对于员工稳定的企业来说，就大大节约了这些方面的费用。老员工不仅让企业减免了招聘培训成本，而且还能承担起对新人的培训。也就是说，就培训而言，老员工不仅用不着公司投资，反倒能让公司省钱。同时，有经验的老员工意味着较少的监督和指导，这又进一步减轻了企业的管理成本。

5. 引荐高素质的新人

由广告、职业招聘会招聘求职者，不仅增加企业的招聘广告费用，而且应聘者良莠不齐，公司也不太了解他们的底细，不利于企业甄别和筛选。而由忠诚员工引荐的新人素质往往都比较高，更稳定、更可靠。这是因为员工向公司推荐的一般都是自己了解、信任并符合公司要求的人。企业会因是自己的员工的推荐而更容易信任并聘用他们，优秀的求职者也因对引荐者的信任，愿意前来就职并能安心地工作。

连线职场

忠诚不仅是忠于企业，也是忠于自己的事业。只有这样，忠诚才有了真正的意义。忠于事业，就会把一份普通的工作当成自己的职业来做，甚至当成自己的事业来做，这种忠诚远比天天空喊忠诚于企业要好一百倍、一万倍。这是忠诚的起点。公司给你一个发展的平台，在工作中你可以学到很多在书本中学不到的东西，同时能积累丰富的工作经验，为以后自己独立发展自己的事业打下坚实的基础。

查理是哈佛大学工商管理专业的高才生。硕士毕业后，他顺利进入华尔街的一家 IT 公司担任市场总监。他的工作能力很强，不到一年就在业界小有名气。有了名气，事就多了。在竞争激烈的华尔街里，许多公司为了生存到处挖人，甚至高价购买商业机密。查理公司的对手就找到了查理，想从他手里得到一些公司正在筹备项目的内部资料，并高薪邀请查理到自己的公司工作，由此对他开出了优厚的条件。于是，查理跳槽到了这家公司，并带走了老东家的一些商业秘密。刚工作不到半年，查理在一次工作中接触到了一家待遇比现在公司更优厚的工作，在这家公司的 HR 的邀请下，查理表示愿意加入，并辞去了现在的工作。到了新公司去面试，让他没想到的是，他并没有被录用，因为公司中资深的 HR 对查理做了调查，发现他缺乏对企业的忠诚，这样的员工他们是万万不能录用的，不论他多有才华。

通过这个小故事可以看出，作为一名企业的员工，无论我们平时做什么，首先要考虑公司的利益。如上文中的查理，他选择出卖公司而得到一点点“利益”，最初对方可能会夸你，但是你一旦从这个公司出去以后，给他人的感觉是这个人靠不住，会背叛自己的企业，别人也就不会再欣赏你了。等你真的去投奔他的时候，他也会将你拒之门外，那时候的你就会名誉扫地，这着实得不偿失。

员工的忠诚对企业来说无疑非常重要，然而，员工对企业的忠诚受益的并不仅仅是企业自己，最大的受益者其实是员工本身。查理被企业贴上了“不忠诚”的标签，成了一个不受欢迎的人，没有一家企业愿意聘用这样的员工。并不是所有优秀的人才都能够取得职场上的成功，因为有些人经常为了能够得到暂时的利益禁不住诱惑，但是，从长远的角度出发这恐怕得不偿失。最终，尝到苦果的还是自己。

我们身为企业的其中一员，忠诚首先意味着与企业同舟共济。曾经有人这样形象地比喻：如果企业是一条船，那么我们每一双手就是一支桨，只有我们共同伸出双手，让千千万万个桨一起使劲，我们的船才能劈波斩浪、勇往直前。正所谓“锅里有了，碗里才有”。只有企业发展好了，员工的生活和工作才能有保障，我们才会在这艘大船上逐步成长，才能成为把握自己前进方向的掌舵者。

三、如何践行你的忠诚

（一）忠诚于企业

1. 关心企业的发展

企业的发展与个人的发展相辅相成，企业发展了，才能给员工提供更好的发展空间和资源。同时，企业的发展也离不开员工的努力，职业人一旦投身企业，就意味着个人的利益与这个企业联系在一起。因此，他就应该关心企业的发展，为企业的发展献计献策，这样企业才能越来越好。

2. 保守企业的秘密

关于工作的秘密，员工一定要处处以企业利益为重，处处严格要求自己，做到慎之又慎，因为企业利益和员工利益在根本上是一致的，企业利益与员工利益息息相关，不经意的一言一行就可能泄露企业的商业机密。泄露企业的商业机密也是间接的损害员工自己的利益。

3. 维护企业的利益

工作期间不做私事，是企业对每个员工的基本要求，不要认为这是无伤大雅的小事；要戒除私心，不要将企业的物品私有化，这些微不足道的小事却能反映出一个人的职业操守；不被利益驱动，要喜爱企业赋予你的工作，不遗余力地为企业增加效益，完成企业分派给你的任务。

4. 危难时刻与企业同舟共济

企业出现困难时，如果你能替老板出主意、想办法，帮助企业顺利渡过难关，老板由此会非常信任你，会将重任交给你，对你今后的发展会有很大的帮助。

（二）忠诚于职业

职业忠诚是比企业忠诚更为重要的一种品质。职业忠诚是对事业的献身精神和忠诚意识，是对职业追求的责任心和使命感，是每位工作者都应具备的一种品质。

1. 对事业的献身精神和忠诚意识

它要求职业工作者必须热爱自己所从事的工作和所献身的事业，竭力为之奋斗，并将自己的一生与其所从事的事业联系起来，在事业的成功中实现人生的价值。

职业忠诚可以分为三个层次：第一层是乐于宣传，就是员工经常会对同事、可能加入企业的人、目前的潜在的客户说组织的好话；第二层是乐意留下，就是具有留在组织内的强烈欲望；第三层是全力付出，就是不但全心全力地投入工作，并且愿意付出额外的努力促使企业成功。

职业忠诚集中表现为人们对事业和工作的爱。劳动与工作是人类社会产生和发展的前提条件，也是每一个有劳动能力的普通公民的基本义务，是一切财富的源泉。对劳动的热爱，对工作的虔诚，常常会超越个人的私欲，将自己从事的职业看成民族大业和国家大业的一部分，哪怕是点滴的成功，都与大业息息相关，“创业守业皆须敬业，国情世情总观我情”。从而以此为乐，以此为荣。

2. 对事业执着追求的责任心和使命感

具有职业忠诚品德的人始终视事业为神圣的，视职业为生命的一部分。职业职责是人们在一定职业活动中所承担的特定的责任，它包含了人们应该做的工作以及应该承担的义务等。《礼记·杂记》提出君子有五耻之说，强调人生在世做事应该尽职尽责。职业忠诚把忠于职守作为主要内容，要求人们忠实地履行自己的职业职责。对职业忠诚的人有强烈的职业责任感，对工作极其负责任，坚决谴责任何不负责任、偷懒耍滑、马虎草率、玩忽职守、敷衍塞责的行为。

3. 良善的劳动态度和工作作风

忠诚的人深感职业和岗位只是分工的不同，并无高低贵贱之别。梁启超认为，任何一种职业都是有无穷的趣味和无尽的快乐的，只要你肯继续做下去，趣味自然会产生，快乐也自然会出现。每一职业之成就，离不了乐观向上的奋斗。人生能从自己职业中领略出趣味、发现快乐，生活才有意义和价值。

4. 精益求精的职业品质和刻苦钻研的精神

职业忠诚不是一般的道德口号，它必须落实到具体的职业活动中，落实到对所从事的职业和技术的钻研和精通中。人们只有在业务上精益求精，始终做到学而不厌、习而不倦、勤苦钻研，才能在本职岗位上有所建树。

任务二　诚信——为人处世最真诚的语言

任务导入

关于中国人的量器“斗”，过去有不法商人会用“复底斗”，复底斗就是一个斗两层底，进货的时候把这层底拉掉，用下面那层底，成了“大斗”；出货的时候装上一层底，成了“小斗”，底下这一层底的米就被“贪污”了，此乃不法奸商玩的把戏和诡计。同样，秤砣也有大秤砣、小秤砣，进货时用的秤砣和出货用的秤砣不一样，从而就克扣了别人的应得部分。

启示

你在日常生活中碰到过诚信或欺诈的事吗？你的感受是什么？你会怎么做？

一、什么是诚信

“诚”即诚实诚恳，主要指主体真诚的内在道德品质；“信”即信用信任，主要指主体“内诚”的外化。“诚”更多地指“内诚于心”，“信”则侧重于“外信于人”。“诚”与“信”一组合，就形成了一个内外兼备，具有丰富内涵的词汇，其基本含义是指诚实无欺，讲求信用。

二、为什么要讲诚信

诚实守信、办事公道既是中华民族的传统美德，也是现代职业道德的基本要求；既是我们做人的标准，也是做好工作的必要条件。现实生活中为人诚信和办事公道往往被作为选人用人的重要条件。

（一）从个人成长角度讲，诚信是立身之本

对一个社会公民，诚信是立身之本。只有树立正确的人生观、道德观，守法诚信，才能处理好人与人，人与社会的关系，充分体现自我的人生价值，做一个对社会对国家有用的人。

（二）从企业发展角度讲，诚信是发展的基础

对于一个企业、一个行业，诚信是立业之本，建立良性的与单位、与个人的互动信任，将关系到企业的生死存亡。诚信是企业生存、发展、壮大的基本条件。试想，一个不讲诚信的企业怎会得到社会的支持而健康发展，一个不讲诚信的企业经营者怎会有长远的成功？

（三）从社会和谐角度讲，诚信是构建和谐社会的道德基础

对于一个国家，诚信是立国之本，“得民心者得天下，失民心者失天下”。所以，诚信，就是取信于民。自古以来，我们就崇尚“和为贵”；然而“和”以“诚”为要，“诚”是“和”之首，“信”是“和”之根。诚实守信品德是社会价值观的集中体现，今天中国特色社会主义建设中的诚实守信就是社会主义核心价值观的集中体现。社会主义时代呼唤社会主义诚信公民，并且造就新时代的社会主义公民。诚实守信的社会主义道德风尚是塑造社会主义公民的精神指导。

相关链接

立木为信

春秋战国时，秦国的商鞅在秦孝公的支持下主持变法。当时正处于战争频繁、人心惶惶之际，为了树立威信、推进改革，商鞅下令在都城南门外立一根三丈长的木头，并当众许下诺言：谁能把这根木头搬到北门，赏金十两。围观的人不相信如此轻而易举的事能得到如此高的赏赐，结果没人肯出手一试。于是，商鞅将赏金提高到五十两黄金。重赏之下必有勇夫，终于有人站起将木头扛到了北门。商鞅立即赏了他五十两黄金。商鞅这一举动，在百姓心中树立起了威信，而商鞅接下来的变法就很快在秦国推行开了。新法使秦国渐渐强盛，是秦国最终统一六国的重要原因。而同样在商鞅“立木为信”的地方，早在400年前，却曾发生过一场令人啼笑皆非的“烽火戏诸侯”的闹剧。

烽火戏诸侯

周幽王有个宠妃叫褒姒，为博取她的一笑，周幽王下令在都城附近20多座烽火台上点起烽火——烽火是边关报警的信号，只有在外敌入侵需召诸侯来救援的时候才能点燃。诸侯们见到烽火，率领兵将们匆匆赶到。结果当他们弄明白这是君王为博妻一笑的花招后便愤然离去。褒姒看到平日威仪赫赫的诸侯们手足无措的样子，终于开心地笑了。五年后，西北夷族犬戎大举攻周，幽王烽火再燃而诸侯却未到——谁也不愿再上第二次当了。结果幽王被逼自刎而褒姒也被俘虏。

一个"立木取信"，一诺千金；一个帝王无信，戏玩"狼来了"的游戏。结果前者变法成功，国强势壮；后者自取其辱，身死国亡。可见，"信"对一个国家的兴衰存亡起着非常重要的作用。

公平正义、诚信友爱是社会主义和谐社会的重要特征。和谐社会要靠全社会的共同建设，各行各业的从业人员普遍所具有的诚信、公道的职业道德素养，来奠定和谐社会的道德根基。

讲诚信在当今实现价值观和道德观的过程中发挥着重要作用。所以，讲诚信是个人、企业、国家乃至全民族的精神、价值、道德的基石，对提升全民族的文明素质、价值观、道德观起着重要作用。

三、如何营造个人的职场诚信

营造个人的职场诚信，在思想上就要抛弃那些不良信念，以积极的思想和诚信的心态来指导自己的行动。如遵纪守法，遵守社会公德；遵守公司规章制度，按程序行事，服从分配；有责任心，敬业；有团队精神，能互相帮助和爱护，能尊敬上司、同事和下属等。

（一）提升个人诚信操守和能力

要营造个人的职场诚信，首先要清醒地认识自己身上的不足，并逐步弥补不足，以诚信来形成良好的职业操守并获得能力提升。

1. 弥补性格缺陷

性格缺陷在很大程度上制约着诚信，易怒、情绪化、反复无常等性格，导致人们在职场上远离团队或听不到最真实的声音，因此性格也成为团队对其诚信授予的障碍。

2. 培养良好的职业习惯与操守

良好的职业习惯与操守并非是独立于其他日常生活习惯之外的全新习惯，职场人必须根据职业的规范，对自己以往的生活习惯做出适当的改变。例如，向企业环境学习的习惯；尊重别人、替别人着想的习惯；淡泊名利的习惯；认真负责、脚踏实地、自觉自动的习惯等。工作应有始有终，人们应诚恳、守信，不隐瞒欺诈，不弄虚作假，对待同事或团队的工作真诚且有理有节地施以帮助，抵制不良的作风或陋习。这样下去，人们就能以个人的魅力赢得尊重，赢得诚信。

3. 秉持良好的道德信念

做事靠的是知识，做人靠的是心态，职业人只要拥有正确的道德观念就必定会在工作中掌握正确的方法。一个没有正确道德观念的人，行事方法一定会有问题。

4. 大局观念、责任意识是职场诚信的必然要求

职场人生活在企业这个大环境，对所从事的工作或接触的工作，要有责任意识，要服从大局。不能只盯着个人的业绩，当个人业绩与企业有所冲突的时候，要服从大局，以大局为重，这是对诚信负责的态度。同时，对工作要有责任心，不能应付或只是简单地把工作做完，要对所做的工作负责，这样才会帮助你赢得更多诚信。

（二）把个人诚信有效融入企业诚信

1. 将个人诚信融入企业的诚信文化中

每个企业都有自己独特的文化，即独特的企业诚信，如果每个人都保持个人诚信的独特性，不去融入企业的文化中，势必不能形成有凝聚力的企业诚信文化。因此，职场人在进入企业后，应逐步融入企业诚信文化，这种融入不但是由于被企业的诚信所吸引，更有可能会对企业原有的诚信带来一些有益的影响。

连线职场

海尔：诚信是一笔无价的财富

精明的商人信奉的为商之道是“利润诚可贵，诚信价更高”。创造诚信就是创造市场，诚信的市场观念使海尔产品走到哪里，“名牌战略”就延伸到哪里，海尔最佳诚信就树立到哪里。海尔3C店开业时就推出了“真诚、完美、舒心”的3C服务。

1998年8月，家住四川贡嘎山的石棉市的一位居民想要一台变频空调，于是他拨通了当地海尔空调营销中心的电话：

“天太热了，我急需一台海尔空调，明天能否安装上?”居民深知海尔空调在本地卖得正“火”，便试探着问。“没问题，明天一定送货到位!”正在当地巡检的郑明友坚定地说。“天气预报说，明天那个地区会有暴雨。”身旁的一名海尔工作人员提醒道。“就是有特大暴雨也要想办法送货安装!”郑明友重复着。

第二天，货送到离石棉市还有20公里的石棉镇时，便下起了暴雨。不一会儿，贡嘎山的山洪飞似的倾泻下来，即便是柏油马路也积满了近膝深的水。“就是背，我也要把空调背到用户家!”郑明友说到做到。车不能开，他们租来一辆自行车，仔细地把空调捆绑好，确保空调不会被淋湿后，与小张一起把空调送到了20里外的用户家。

到了用户家，天已全黑了，但安装人员不顾一路的劳累，马上询问用户的需求，安装好变频空调，进行调试后，又向用户介绍了如何维护保养变频空调等方面的知识，等忙完以后已经是晚上9点多了。看着海尔人忙前忙后地工作着，连一杯水都不喝，更顾不上吃晚饭，用户被深深地感动了。海尔3C店开业不久能够火爆广大市场，靠的就是诚信而不是产品。

资料来源：郭林生：《世界500强企业员工的15种美德》，北京，华夏出版社，2008。引用时有改动。

从表面上看，海尔公司的郑明友似乎在小题大做，送一台变频空调却耗费如此庞大的人力物力。可是从长远看，郑明友极力维护的是企业的良好诚信，同时也用他良好的职业精神赢得了顾客的心，使公司赢得了一笔诚信财富。

用他的话说："为了维护企业的信誉，不管耗费多大都是值得的。"郑明友就是一个让客户满意、让老板放心的员工。而正是这种诚信意识为日后海尔产品迅速开拓国内外市场打下了坚实的基础。这是恪守诚信带来的一笔财富。

2. 将个人诚信融入企业的工作模式和工作方法中

一个人在企业里，要想赢得同事的信任、企业的信任，一是靠个人魅力，二是靠工作业绩。进入企业，要尽快将个人诚信融入企业的工作模式和工作方法中，以利于尽快赢得企业或同事的认同，树立较高的诚信度。如果偏离企业的工作模式和工作方法，按自己的工作模式和工作方法，势必无法满足企业所需，职场人将逐渐丧失企业或同事对其诚信的释放。

3. 将个人诚信融入企业的工作交流和沟通中

坦诚、守信、有责任感等个人诚信品质，也必须融入工作的交流和沟通中，不能特立独行，要以开放的心态去交流和沟通，吸收各种有利的因素，在工作交流和沟通中释放个人诚信，赢得更多的诚信或吸引更多的诚信。

人无信不立，作为职场人，首先要学会营造个人的职场诚信，以自己的诚信来赢得更多的认可与发展。个人诚信，不仅指诸如诚实、守信、不弄虚作假等软诚信，还包括对工作的认真负责态度、能更好地完成工作等"硬"诚信。个人诚信的完善与发展，还要与企业诚信有机结合起来。

拓展阅读

职场中个人诚信的误区

误区一：职场人讲信用与其负责的工作关系不大。

有的人认为，诚信，就是要讲信用，只要我讲信用，我就诚信了。是的，这种认识无可厚非，但你认为的信用到底是什么？作为员工，其信用不仅仅是对同事之间的言而有信，还包括对其职责范围的工作认真负责。如果你的工作没做好，特别是在你的能力范围内没有做好，那就是不诚信、不讲信用。

误区二：江湖义气就是诚信。

我们常听到这样一句话：咱们是谁？兄弟呀！既然我们是兄弟，以后你的事就是我的事。其实你有没有这样想过：都是同事，你为什么要认这个人做兄弟，不认那个人做兄弟。那是否在对待同样一件事情上要偏向你所谓的兄弟呢？把江湖义气带进职场，拉帮结派，势必会孤立甚至排挤部分同事，这会有利于工作吗？这是讲诚信吗？其实这种江湖义气或江湖作风不仅对同事而且对工作也相当不利，会人为制造一些不利的因素。

误区三：性格、习惯的好坏与诚信无关。

一个人的工作能力不错，但性格不好，习惯不好，这样的人，同事们愿意或敢于跟他多交流沟通，说出自己对工作的认识和看法吗？估计没几个人敢这样做。因为你不知道他什么时候会不高兴，什么时候会发脾气，既然不敢，对其信任和诚信度也就不敢有所认同。同样，有的人有不良习惯，比如喜欢酗酒、喜欢戏弄别人等，其诚信度也会有所降低。

所以，性格、习惯好坏，表面上看与诚信关系不大，但却是能对诚信产生相当影响的潜在因素。正如“千里之堤毁于蚁穴”，不好的性格，不良的习惯，会逐步吞噬你的诚信，会让你离团队越来越远。

误区四：个人能力高低与诚信无关。

有人认为，个人能力的高低与其是否诚信没有必然联系，实则不然。个人能力往往会直接影响着人的诚信度。举例来说，当上司把一件重要的工作交给下属去做时，他首先想到的会是什么，一定是看谁能保证此项工作的完成。其实，上司选择谁去做也就表明了他对哪个下属的诚信度更加认可。

所以，你有能力保证工作能够圆满完成，也是一种诚信。个人能力是保证着诚信实现的重要支撑，如果你不能或没有能力把工作完成，就是失信，就是缺乏诚信。

误区五：自我意识强，不在乎别人的感受，这也与诚信无关。

有的职场人士，自我意识特别强，他的意见、方法就是对的，不容别人提出反驳意见，明知方案有缺陷也要强硬推行。这在无形中会失去同事间的诚信、合作的诚信，沟通的诚信、自我意识本不是坏事，但不能因过强而忽略了一个团队的整体，忽略了一个团队同事间的诚信氛围。

误区六：实在就是诚信。

有的人把实在当诚信，认为做老好人，不得罪人，不做错事，就是讲诚信。表面上看，大家一团和气，团队气氛很好，但工作的收效呢？业绩呢？如果对错误的方案你也不提反对意见，最终损害的必将是自己的诚信。

有的人会说，你看我，不弄虚作假，不隐瞒欺诈，别人问我什么我都告诉人家，别人交给我的事我都应承着，尽力帮别人做，难道这不叫诚信吗？其实这就走向了对诚信认识的另一个极端。每个企业或每个部门的工作中，有一些内容是不能轻易告诉其他部门或别人的。如果你把不该让别人知道的东西告诉别人，就违反职业操守，也就是不诚信。同样，别人的工作找你帮忙，你都应承下来，那你自己的工作该怎么办呢？

所以，一个人很“实在”只能说有一定的诚信品格，但不能简单地认为他就诚信。

任务三　敬业——事业进步的必要阶梯

任务导入

诸葛亮治蜀国鞠躬尽瘁留美名

诸葛亮是我国历史上著名的政治家、军事家，被视为中华民族智慧的化身，大智大勇的代表。

东汉末，刘备三顾茅庐，从襄阳隆中请出诸葛亮为其军师。当时，魏、蜀、吴三国鼎立，三国之中蜀国国小人少，实力较弱，诸葛亮从长远利益着手，建立吴蜀联盟，使蜀国得以全力对付魏国。诸葛亮充实国家力量，安定人民生活；注意选拔人才，任人唯贤；赏罚分明；虚心征求各方面的意见；严格要求各级官吏，惩办贪污不法行为，以树立官员廉洁奉公的风气。诸葛亮一生不辞辛苦、兢兢业业、为国为民、呕心沥血，实现了他《后出师表》中所说的：“鞠躬尽瘁，死而后已”。

资料来源：元亨利：《好家风带来好政风》，北京，中国法制出版社，2018。

所谓敬业就是珍惜和忠实于自己的职业，具有较强的职业自豪感和责任感，立足本职，扎扎实实为社会做出贡献。高素质的劳动者应怀着强烈的敬业精神，热爱本职工作，忠实履行职业责任，在任何情况下都能坚守岗位。一个人只有爱岗敬业、以高度的职业荣誉感和自豪感，焕发出对本职工作的激情，把身心融入在职业活动中，才能在工作中充分发挥自己的聪明才智，做出良好的成绩；一个人只有把职业当成自己的事业而不仅仅是谋生的手段，做到干一行、爱一行，才能成为社会的有用之才。因此，爱岗敬业、忠于职守是奉献社会、实现人生价值的重要途径。

一、什么是敬业

“敬”，原是儒家哲学的一个基本范畴，孔子就主张人在一生中始终要勤奋、刻苦，为事业尽心尽力。他说过“执事敬”“事思敬”“修己以敬”等名言。北宋程颐更说道：“所谓敬者，主之一谓敬；所谓一者，无适(心不外向)之谓一。”可见，敬是指一种思想专一、不涣散的精神状态。

古往今来，事业上有所成就者，大凡离不开两条：一是有强烈的事业心和责任感，二是锲而不舍的勤奋和努力。这两条的有机结合，即敬业精神。

敬业就是专心致力于学业或工作。敬业是一个道德范畴，是一个人对自己所从事的工作是否负责的态度。敬业就是人们在某集体的工作中，严格遵守职业道德的工作态度。

连线职场

当代产业工人的模范——许振超

2004 年 4 月 11 日中央电视台《焦点访谈》介绍了许振超的事迹。许振超只读过初中，但自从 1974 年参加工作以后，三十年如一日，刻苦学习、勤奋钻研、精益求精、拼搏创新、敬业奉献，在工作的第二年，便被选中去操作当时最先进的起重机械。数年后，他又成为操作桥吊的第一人选，并被任命为桥吊队队长。许振超不但懂桥吊，还能维修桥吊。他用了 4 年时间，将 10 多块关键的电路板的详细电路图研究透彻，为检测故障提供了极大的便利，同时也大大降低了桥吊的维修成本。他对桥吊操作技术精益求精，通过反复摸索、勤学苦练，练就了一手吊装精湛技艺，将吊装速度提高到了世界极限。同时为了确保操作安全无事故，他毫不保留地将技术传授给同事，终于在 2003 年 4 月 27 日，和工友们创造出每小时完成吊装 381 个自然箱码头装卸的效率，被交通部认定为世界最新纪录。这一业绩被青岛港领导命名为“振超效率”。在振超效率的带动下，青岛港2003年完成了港口吞吐量一亿四千万吨，比上年有了大幅提高。许振超他爱岗敬业、追求卓越，体现了带领团队团结协作的精神，在平凡的工作岗位上创造了非凡的成绩。

资料来源：吴畏主编：《城市轨道交通职业道德》，北京，中国铁道出版社，2016。

一个人对于自己的职业不敬，从学理方面说，便属亵渎职业之神圣；从事实方面说，一定会把事情做糟了，结果自己害自己。

因此，敬业的员工总是竭尽全力做好他们的工作，员工的敬业度对企业的最终效益有重大影响。敬业的员工为提高产品质量、为改善顾客服务或为削减成本总是竭尽所能把工作做得尽善尽美。他们给组织带来新思想，给团队注入活力与承诺，把企业人才的流失率降到最低。

二、怎样理解“敬业精神”

南宋哲学家、教育家朱熹说：“敬业者，专心致志以事业也。”古往今来，有志者事竟成，无志者事难成的事例比比皆是。敬业精神，说到底就是个思想觉悟的问题，一个人如果有坚定的敬业精神，对党的事业忠诚，对企业发展高度负责，就会保持一种昂扬向上、励精图治的精神状态，干不好工作就食不甘味、寝不安枕。反之，就会不用心、不动脑，有力不愿出，有劲不愿使，得过且过，混时度日，即使水平再高、能力再强，也不可能将工作做好。“人贵有自知之明”，我们要在本职岗位上努力践行“工于至诚，行以致远”的理念，大力弘扬爱岗敬业、扎实工作、乐于奉献、勇于创新的精神。

“敬业精神”就是认清自我所扮演的角色，坚守自己职位本分，并秉持“一分耕耘、一分收获”的工作态度，去面对自己所从事行业的各项挑战。一个人，无论从事何种行为、扮演何种角色，都应能够认清自我，并从自我心理建设开始，督促并调整自己，即使面临不同挑战，亦能通过实际行动进行解决，以上所列的品质都在显示一个从业人员的敬业精神中，敬业精神更是有朝一日创业立业成功的基石！

我们提倡敬业，但也提倡会敬业，这里有三方面的技巧需要注意。

第一，对工作要有耐心、恒心和毅力。

第二，苦干更要巧干。勤勤恳恳，埋头苦干的敬业精神值得提倡，但必须注意效率，注意工作方法。

第三，敬业也要能干会“道”。“道”就是让领导知道或感受到你付出的努力。

三、如何做才是敬业

（一）热爱本职岗位

“干一行就要爱一行”，既然选择了自己的工作，就要真心的热爱自己的岗位，把本职工作当成自己的事业去经营。只有这样才能以饱满的工作热情，严谨的工作态度，全身心地投入本职工作中去，才能在平凡的岗位上创造出不平凡的工作成绩。如果不喜欢自己的工作和岗位，工作起来就没有精神、没有动力，就会得过且过，整天牢骚满腹、怨天尤人，不能专心致志地做好本职工作，更别说创造成绩了。

（二）勇于承担责任

责任是对人生义务的勇敢担当，也是对生活的积极接受，更是对自己所负使命的忠诚和信守。没有不需要承担责任的工作，也没有不需要完成任务的岗位。工作中，我们要积极勇于承担责任，认真履行好自己的职责，遵守各项制度。工作中严格按规程办事，对于工作中出现的各种问题和困难，要积极地面对，不能一味地逃避，要担当起责任，负责任地去解决好这些问题。

连线职场

美国一位年轻的铁路邮递员，和其他邮递员一样，用陈旧的方法分发着信件。大部分的信件都是凭这些邮递员不太准确的记忆拣选后发送的。因此，许多信件往往会因为记忆出现差错而无谓地耽误几天甚至几个星期。于是，这位年轻的邮递员开始寻找新的办法。他发明了一种把寄往某一地点去的信件统一汇集起来的制度。就是这一件看起来很简单的工作，成了他一生中意义最为深远的事情。他的图表和计划吸引了上司们的广泛注意。很快，他获得了升迁的机会。5 年以后，他成了铁路邮政总局的副局长，不久又被升为局长，并由此成为了美国电话电报公司的总经理。他的名字叫西奥多·韦尔。

一个有责任感的员工，当他面临挑战和困难时，他会迸发出比以往强大若干倍的能力和勇气。因为他知道，很可能他的胆怯和逃避会让企业承受巨大的损失。只有勇敢地面对，才有可能真正担当起责任，不让企业遭受损失。一个逃避困难、不敢面对挑战的员工，很难让人相信，他会真正为企业担当什么责任。作为企业的领导，又怎会赋予他更大的使命呢?

除了受到老板的青睐而获得更多的升职机会外，务实高效、尽职尽责的员工还会比那些总是被动工作的人得到更多的经验和技能。每一份工作本身就蕴藏着无穷的机会。在同样的时间里，主动工作的人做的工作更多，积累的工作经验自然也更加丰富。而这本身就是对主动工作的员工的一个很好的回报，并让他们为将来的成功积累更多的资本。

资料来源：吕晓燕：《工作态度决定职场成就》，北京，光明日报出版社，2016。

(三)加强业务学习

干好本职工作还要具备一定的专业技术知识。工作之余要不断学习各专业、各岗位的相关知识及各级文件精神，不断适应岗位的需要，这样才能成为胜任本职工作的行家里手。

(1)积极主动。身在职场，要加强理论业务学习，就必须积极主动，从要我学变成我要学。

(2)严格要求。一个人要想自身得到很大的提升，就必须要严格要求自己，特别是学习方面。

(3)注重方法。加强理论业务学习，不是像无头的苍蝇一样，而应找到适合自己的学习方法。

(4)学用结合。加强理论业务学习，并注重学用结合。

(5)联系实际。要加强理论业务学习，还必须要注重实际情况。

(四)提高创新意识

创新是一个民族进步的灵魂，是一个国家兴旺发达的不竭动力。“唯有创新才能不断前进”。要想在短时间内完成高质量的工作，一味地因循守旧是不可能办到的。

唯有在工作中充分调动自己的主观能动性，不断创新，勇于采用新方法、新形式，并在实践中总结完善，才能不断提高工作效率，保质保量地完成工作。

（五）善于总结经验

学习是提高认识的手段，是实践的前提和基础。实践是理论联系实际的体现，而总结则是提升学习与实践的精华、积累工作经验不可缺少的重要环节。经验的积累，需要经历一个从无到有、反复磨炼的过程。认真分析工作中的点点滴滴，是非得失与成败；梳理工作中的亲身感受、体会、感悟、启发，理清工作思路，明确工作方向，掌握和运用工作规律，不断积累和丰富自己的实践工作经验，才能使工作有序、有效地开展。

（六）善沟通、重协作

工作中只有相互理解、相互支持、相互配合，才能使工作健康良性地发展。同事间要以沟通促进友谊，以谅解促进团结，珍惜缘分，增进了解，相互学习，奋发进取。所以对于团队中的每一个人来讲，都要认真对待自己的工作，明白自己在团队中的位置，清楚自己在工作中的环节，与团队中人员多交流，多沟通，做好自己的工作，同时协助别人完成工作，营造良好的工作氛围。

连线职场

测试面试者敬业的面试题

例题1：在工作中，你有没有做过一些分外的工作？为什么要这么做？

例题2：如果有人当着你的面批评你的公司，你会怎么办？

例题3：你是如何理解“当一天和尚就敲一天钟”的？

例题4：你的职位很高，但是有一天公司忽然把你调到另外一个部门，让你从头做起，你会怎么办？

例题5：如果你和一位同事发生了矛盾，恰好又有一位客户来找他，而他又不在，你会怎么做？

拓展阅读

“差不多先生”的悲剧

德国人以讲求精确闻名，在墙上钉一幅画也会拿尺子量，以确定钉子的具体位置。中国人做事则常常抱着“差不多”的心理。在工作中，很多人不求进取、马马虎虎、得过且过，对存在的问题懒于思考，对隐患不去克服，总觉得问题“差不多”解决了就行。

每个企业都可能存在这样的员工：他们每天按时打卡，准时出现在办公室，但是却没有及时完成工作；每天早出晚归、忙忙碌碌，却不愿精益求精。对他们来说，工作只是一种“差不多”。几十年前，胡适先生写了一篇《差不多先生传》，深刻地描述了这种心理。

你知道中国最有名的人是谁？提起此人可谓无人不知，他姓差，名不多，是各省各县各村人氏。你一定见过他，也一定听别人谈起过他。差不多先生的名字天天挂在大家的口头上，因为他是全国人的代表。

“差不多先生”的相貌和你我都差不多。

他有一双眼睛，但看得不很清楚；有两只耳朵，但听得不很分明；有鼻子和嘴，但他对于气味和口味都不很讲究；他的脑子也不小，但他的记性却不很精明，他的思想也不很缜密。

他常常说：“凡事只要差不多就好了，何必太精明呢？

他小的时候，妈妈叫他去买红糖，他却买了白糖回来。妈妈骂他，他摇摇头道：“红糖和白糖不是差不多吗？”

他在学堂的时候，先生问他：“直隶省的西边是哪一个省？”他说是陕西。先生说：“错了，是山西，不是陕西。”他说：“陕西同山西不是差不多吗？”

后来他在一个钱铺里做伙计，他也会写，也会算，只是总不精细，“十”字常常写成“千”字，“千”字常常写成“十”字。掌柜的生气了，常常骂他，他只是笑嘻嘻地说：“千’字比‘十’字只多一小撇，不是差不多吗？”

有一天，他为了一件要紧的事，要搭火车到上海去。他从从容容地走到火车站，结果迟了两分钟。火车已在两分钟前开走了。他白瞪着眼，望着远去的火车上的煤烟，摇摇头道：“只好明天再走了，今天走同明天走，也还差不多。可是火车公司未免也太认真了，8:30开同8:32开，不是差不多吗?”他一面说，一面慢慢地走回家，心里总不很明白为什么火车不肯等他两分钟。

有一天，他忽然得了一种急病，叫家人赶快去请东街的汪大夫。家人急急忙忙地跑去，一时寻不着东街的汪大夫，就把西街的牛医王大夫请来了。“差不多先生”病在床上，知道寻错了人，但病急了，身上痛苦，心里焦急，等不得了，心里想道：“好在王大夫同汪大夫也差不多，让他试试看吧。”于是这位牛医王大夫走近床前，用医牛的法子给“差不多先生”治病。不一会儿，“差不多先生"就一命呜呼了。

“差不多先生”差不多要死的时候，断断续续地说道：“活人同死人也……差……事只要……差……差不多……就……好了，……认真呢?”他说完这句话，方才绝气。

现在看看我们周围，“差不多”心理并没有随着时间的流逝而消失，而是依然普遍存在着。在工作中，如果领导要求一位员工将手中的工作做细，换来的回答(虽然只是嘴上咕哝)最常见的是：“差不多就行了，何必那么认真呢?”“差不多”所反映出来的是没有认识到工作的重要性，做事不认真、不负责任、对自己要求不够严格、没有更高目标，这种严重缺乏敬业精神的风气将会弥漫在企业的每一个角落。

但是，一个由许多人组成的公司是经不起连续差1%的“差不多”的。由上到下传达一项任务，如果一个人差1%，下一个人又差1%，这样下去，等到真正执行任务的人接到这项任务的时候，恐怕这项任务已经变得面目全非了，而他会做出什么样的工作也就可想而知了。同样，当自下向上传递一项建议的时候，每一层的人都抱着“传递得差不多就可以了”的心理，最后到最高层领导那里，你的建议就可能变成了一项对你的惩罚措施了。

密斯·凡德罗是20世纪世界四位最伟大的建筑师之一，他在描述自己成功的原因时反复强调，不管你的建筑设计方案如何恢弘大气，如果对细节的把握不到位，就不能称为一件好作品。细节的准确、生动可以成就一件伟大的作品，细节的疏忽会毁坏一个宏伟的规划。

“差不多”心理要不得！我们每个人、每个企业，都要努力避免陷入这个误区当中去。无论做什么事情，都要多问自己几次“真的可以‘差不多’吗？差的那一点会给自己、给公司、给顾客带来什么害处?”

消灭“差不多”心理，完善自己的责任意识系统，并不是一个不可实现的梦。有时，我们所缺少的不是技术、设备、流程和理念，而是敬业精神，是消灭这种“差不多”心理的决心。只要我们每个人都抱有消灭“差不多”的决心，把事情尽可能地做到尽善尽美，那么，公司的发展和自己的发展都将迎来更加美好的明天。

资料来源：杨建刚、何伟：《敬业精神：优秀员工的职业基准》，北京，中华工商联合出版社，2007。引用时有改动。

项目训练营

敬业精神问卷调查

计算一下你的个人敬业程度(就以下行为，对照自己的实际情况进行打分，完全符合 2 分，一般符合 1 分，不符合 0 分)。

1. 不拿公司的一针一线
2. 在规定的休息时间之后，立即返回工作场所
3. 看到别人违反规定，立即向公司领导反映
4. 凡与职务有关的事情，注意保密
5. 不到下班时间，不离开工作岗位
6. 不采取有损于本公司名誉的行动，即使这种行动并不违反规定
7. 自己有对本公司有利的意见或方法都提出来，不管自己是否得到相应的报酬
8. 不泄露对竞争者有利的信息
9. 注意自己和同事们的健康
10. 接受更繁重的任务和更大的责任
11. 在工作以外，不做有损于本公司名誉的事情
12. 只为本公司工作，不兼任其他公司的工作
13. 对外界人士要说有利于本公司的话
14. 在促进商业利益的团体场合，要显得积极
15. 把本公司的目标放在与工作无关的个人目标之上
16. 为了完成工作，在工作时间以外自行加班
17. 不论在工作上或在工作以外，避免做出任何削弱本公司竞争地位的行为
18. 用业余的时间研究与工作有关的信息
19. 购买本公司的产品或服务，不买竞争者的产品或服务
20. 保证本人家庭成员也采取有利于本公司的行动

21. 凡是支持本行业和本行业的人，均投赞成票

22. 为了工作绩效，要做到劳逸结合

23. 在工作日的任何时间内及工作开始以前，绝对不喝烈性酒

附：敬业程度类型
敬业程度低下："不符合"6 个以上
敬业程度中等："不符合"3～5 个
敬业程度上等："不符合"1～2 个
敬业程度卓越："不符合"为 0 个

PROJECT 3

项目三
职业核心沟通素养

PROJECT 3

认知目标

了解沟通礼仪的概念、原则以及面对面沟通的常用礼仪。

素养目标

领会职场沟通艺术，了解职场沟通三原则，掌握做好沟通前的两手准备。

运用目标

灵活运用调整心态、学会倾听、用事实说话的沟通策略解决人际沟通问题。

任务一　规范沟通礼仪

任务导入

礼仪案例小故事

陈小姐在宾馆做电梯服务工作。有位中年男子乘电梯时，经常抱着一大堆书报，有时在电梯里难免掉落几份书报，陈小姐每次见状总不厌其烦地为中年男子捡起书报。有趣的是，她从没问及中年男子从事何种职业。彼此每次顶多是“谢谢你”和“不客气”的对话。

一次，中年男子说完“谢谢你”时，陈小姐就说：“你不必每次客气，举手之劳而已。”中年男子依然表明自己的观点：“你的工作只要开好电梯就行了，却每次不声不响地为我做你工作之外的事情，我当然要说‘谢谢’才合乎情理。”日复一日，陈小姐一如既往为中年男子捡起掉落在电梯里的书报，依旧没问中年男子的身份。

一天，那位中年男子突然对陈小姐说：“我还不知道你的名字呢。”陈小姐笑道：“叫我小陈就可以了。”中年男子又说：“你怎么一直不问我是做什么的？”陈小姐若有所思地说：“反正你在宾馆上面办公嘛。”

这天早上，中年男子发现陈小姐不在电梯里了。大厅的清洁工告诉他：“宾馆效益下滑，上层研究后决定将电梯小姐辞退。”中年男子通过宾馆人事部找到了陈小姐的住址：“陈小姐，我们商务公司要聘请两名接待员，就是接电话或者给客人倒开水的工作，你的为人告诉我你能胜任这份差事。”这时，陈小姐才知道中年男子是一家商务公司的副总裁。

启示

陈小姐的经历给我们什么启示呢？你了解职场沟通礼仪的重要性吗？

提示：上面这则职场沟通礼仪的小故事中，陈小姐每天一个小小的动作，体现了她专业的职场沟通礼仪，也正是这细小的职场沟通礼仪为她赢得了这家商务公司副总的青睐，也为自己赢得了工作的机会。有时候，注重沟通礼仪的细节使你通向成功之路。

《荀子·修身》中曰："人无礼则不生，事无礼则不成，国家无礼则不宁。"这句话的意思是说做人不讲礼，就不能生存；做事不讲礼，就没有成就；国家不讲礼，就不得安宁。礼仪是一门学问，而沟通礼仪是商务礼仪中的重要组成部分，也是生活工作中不可或缺的技能，是职场人士修养和素质的外在表现。在学校、家庭、职场和各类公共场所，沟通礼仪无处不在。沟通礼仪不仅是职业素养的体现，还是企业文化与形象、管理与服务水平、信誉与品牌的名片。

一、沟通礼仪概述

（一）沟通礼仪的定义

什么是礼仪？根据《现代汉语词典》解释，礼仪的意思是礼节和仪式。礼仪一词出自《诗·小雅·楚茨》："献酬交错，礼仪卒度。"

古人云："礼者敬人也。"礼仪是在社会交往中，人们由于受到风俗习惯、历史传统、宗教信仰、时代潮流等因素影响而形成的，是以建立友好和谐关系为目的，既被大众认可又被遵守的行为准则和规范的总和。礼仪不仅是一种待人接物的行为准则与规范，也是一种交往的艺术。

沟通礼仪是我们在沟通过程中遵循的具体礼仪规范，主要包括称呼礼仪、介绍礼仪、名片礼仪、表情礼仪等。

互动空间

礼仪小测验：你的礼仪做得到位吗？

1. 在比较的正式场合用餐，你的表现是：

A. 等菜盘上自己想要的菜转到面前时才伸手去夹，而不是起身夹菜

B. 在菜盘里翻找自己想要的菜，不爱吃的再放回去

C. 夹菜前先舔舔自己的筷子

D. 趁机给新朋友递上自己的名片

E. 随口把骨、刺直接吐到桌上或地上

2. 在打电话时，你的表现是：

A. 响过五六声后再接

电话礼仪知多少

B. 得知对方找你认识却不在身边的人时，不问对方是谁而直接让对方改时间打

C. 在工作时间打个人电话

D. 接起电话时，首先说：喂，您好

E. 说完话后自己先挂断电话

3. 使用名片时，你的表现是：

A. 把名片印制得颜色多一些

B. 接过对方的名片后，直接装进衣兜

C. 用左手向对方递送名片

D. 递送名片时，把顺字的一面向着对方

E. 在名片上记录相关信息

4. 在比较正式的场合，和别人说话时，你的表现是：

A. 直直地盯着对方的眼睛

B. 面露微笑，不时地看着对方的眼睛

C. 边听对方说话手里边忙着其他事情

D. 自己有意见时就插话

E. 如果对方说错，立即予以纠正

5. 穿着西服时，你的表现是：

A. 如果是三粒扣子的，扣最下面一粒扣

B. 如果是两排扣的，全扣上

C. 保留西服袖子上的商标

D. 让衬衫的袖子短于西服的袖子

E. 如果是一粒扣的西服，不扣扣子

（二）沟通礼仪的原则

沟通礼仪有四大原则，分别是敬人原则、自律原则、适度原则、真诚原则。一是敬人原则。敬人者，人恒敬之，尊敬他人，也是尊重自己的表现。二是自律原则。就是在交往过程中要克制自己、慎重、积极主动、自觉自愿、礼貌待人、表里如一，自我对照、自我反省、自我要求、自我检点、自我约束，不能妄自尊大，口是心非。

三是适度原则。即沟通要适度得体，掌握分寸。四是真诚原则，即对人诚心诚意，以诚相待，不逢场作戏，言行不一。

二、沟通常用礼仪

（一）称呼礼仪

人们在交际过程中，称呼对方的礼仪就直接关系到双方之间的远近关系、对礼仪的了解程度、对人的尊重程度，这些直接体现出自身修养。一个得体的称呼，会拉近彼此的距离，给对方留下良好的印象。

相关链接

社交、工作职场、生活中常用的称呼

1. 社交、工作职场中常用的称呼

人们在工作岗位上交往，彼此之间的称呼具有特殊性。总的要求规范、正式、庄重。

(1)职务性称呼。职务性称呼一般在较为正式的官方活动、政府活动、公司活动、学术性活动中使用。以示身份有别，敬意有加，而且要就高不就低。这种称呼，具体来说分三种情况：第一种，仅称呼职务，如处长、院长、局长。第二种，职务前加姓氏，如孙处长、杨院长、卢局长。第三种，职务前加上姓名，适合极为正式的场合，如孙健处长、杨琨院长、马东局长。

(2)职称性称呼。如果有专业技术职称的人，可直接用职称相称。这种称呼，具体来说分三种情况：第一种，在职称前加姓氏，如赵主编、孙律师、金工程师。第二种，直接称呼职称，如院士、教授、律师、工程师等。第三种，在职称前加姓名。适合在正式的场合，如钟南山院士、袁隆平教授等。

(3)学衔性称呼。这种称呼，能够增加被称者的权威性，同时有助于增加现场的学术气氛。具体来说有四种情况：第一种，仅称学衔，如“博士”。第二种，加姓氏，如赵博士。第三种，加姓名，如袁隆平博士。第四种，将学衔具体化，说明其所属学科，并在后面加上姓名，如法学博士卢玉心，这种称呼比较正式。

(4)行业性称呼。在工作中，可按行业称呼。可以直接以职业作为称呼，如老师、教练、会计、医生、护士等。在一般情况下，此类称呼前，均可加上姓氏或者姓名。

(5)泛尊称。一般在较为广泛的社交中，对社会各界人士普遍都可以使用的。如先生、小姐、女士、夫人、太太。未婚女性称“小姐”，已婚者或不明其婚否女性称“女士”。男性称“先生”。不分男女均可称呼同志。

2. 生活中的称呼

在日常生活中的彼此称呼应当亲切、准确、合理且自然。

(1)对亲属的称呼

与外人交谈时，对自己亲属，应采用谦称。

对他人的亲属的称呼，要采用敬称。

敬词“令”用于对方的亲属或有关系的人。

令尊：尊称对方的父亲。令堂：尊称对方的母亲。令郎：尊称对方的儿子。令爱、令嫒：尊称对方的女儿。令兄：尊称对方的兄长。令弟：尊称对方的弟弟。令侄：尊称对方的侄子。

“贤”，用于平辈或晚辈。

贤弟：称自己的弟弟或比自己年龄小的男性；贤侄：称侄子。

(2)对朋友、熟人的称呼

①敬称

对任何朋友、熟人，都可以人称代词“你”“您”相称。对长辈、平辈，可称其为“您”；对待晚辈，可称“你”。对有身份的人或年纪大的人，应称“先生”。对教育界、文学界、医疗界、文艺界等以及有成就、有身份的人，应称“老师”。对德高望重的人称“公”或“老”，如“张公”“袁老”等。

②姓名的称呼

平辈的朋友或熟人，彼此之间可以直呼其姓名，如“张杰”“李霞”；长辈对晚辈也可以这样做，但晚辈对长辈却不能如此。为表示亲切，可免呼其名，在被呼者的姓前加上“老”“大”或“小”字相称，如“老张”“大王”“小李”。如果是关系极为亲密的同性朋友、熟人，可不称其姓，直呼其名，如“鹏宇”等；但不可对异性这样称呼，只有其家人或恋人才允许这样称呼。

③亲近的称呼

对于邻居、至交，可用令人感到信任、亲切的称呼，如用“大”尊称对方或称与对方有关的人或事物。如大伯是除了指伯父外，也可尊称年长的男人；大哥是可尊称与自己年龄相仿的男人；大姐是可尊称女性朋友或熟人；大妈、大娘是尊称年长的妇女；大爷是尊称年长的男子；大人(多用于书信)：称长辈；大驾是称对方；大师傅是尊称和尚；大名是称对方的名字；大庆是称老年人的寿辰；大作是称对方的著作；大札是称对方的书信。“芳”，用于称对方或与对方有关的事物。如芳邻是称对方的邻居；芳龄(多用于年轻女子)。

对一般(普通)人的称呼：只有一面之交、关系普通的人，可视情况采取下列称呼，如同志、先生、女士、小姐、夫人、太太等。

连线职场

小周是一家公司的总经理助理，有一次陪同总经理参加商务洽谈会，在把总经理介绍给对方公司的陈总认识时，他是这么说的：“陈总，您好！这位是我的老板。老板，这位是××公司的陈总。”事后，总经理批评了他，原因是他在介绍时称呼自己的领导为老板，而“老板”大多用在公司内部或者其他非正式的场合，并不适合用于洽谈会那样的正式场合。并且，“老板”既不能体现姓氏，也不能体现正式职务。因此，在商务场合中的称呼一定要符合当事人的身份，做到规范、恰当、准确 。

资料来源：陈致雅：《面对面沟通时的常用礼仪》，载《成才与就业》，2019(6)。2020-01-18。引用时有改动。

(二)介绍礼仪

在商务交往中，人们往往需要向交往对象说明具体情况，即介绍。介绍一般可分为三种，即自我介绍、介绍他人、介绍集体。

1. 自我介绍

进行自我介绍时应注意：一是，先递名片。二是，介绍精练，不要太过冗长。三是，所介绍的内容完整。一般而论，在正式的自我介绍中，单位、部门、职务、姓名各要素缺一不可。四是，自我介绍时，态度要谦虚，不能自我吹捧。如果你担任一定的领导职务，不要在介绍时表现出来，只要说出在××单位工作即可。初次见面过分地表现自己容易引起对方的反感。

2. 介绍他人

介绍他人的规则：介绍双方时，先卑后尊。介绍他人时，最重要的礼仪问题是先后顺序。在为他人介绍前，先要确定双方地位的尊卑，然后先介绍位卑者，后介绍位尊者。这样可使位尊者先了解位卑者的情况。为他人作介绍时的商务礼仪顺序大致有以下几种：

(1)应先把地位低者介绍给地位高者。

(2)先把年轻的介绍给年长的。

(3)先把本公司的人介绍给别的公司的人。

(4)先把男性介绍给女性。

(5)若男女地位、年龄有很大差别时，若女性年轻，可先把女性介绍给男性。

(6)介绍来宾与主人认识时，应先介绍主人，后介绍来宾。

(7)介绍与会先到者与后来者认识时，应先介绍后来者，后介绍先到者。

(8)介绍时，要注意实事求是，掌握分寸，不能胡乱吹捧，以免使被介绍人处于尴尬地位。

3. 介绍集体

进行集体介绍有两种情况：一是，集体和个人。依据少数服从多数原则，应先把个人介绍给集体。二是，集体和集体。要遵循把地位低的一方先介绍给地位高的一方的原则。而介绍到其中一方的时候，顺序为由高到低。

互动空间

小顾有心让朋友老张和自己的新朋友小朱认识，正好一次小朱陪小顾看展览，遇到了老张。小顾马上热情地招呼老张。小顾先对小朱说：“这就是我常和你提起的老张，是泥塑高手。”随即对老张说：“老张，这是我新认识的朋友，小朱，对泥塑挺有研究的。”人到中年的老张见小朱只是个20多岁的普通青年，不禁感到被介绍给他很丢面子，打个哈哈就走了，不仅没接受小朱这个朋友，把小顾也冷落到一边儿去了。

请结合所学知识分析，小顾的此番介绍为什么以失败而告终？

（三）表情礼仪

表情是非语言沟通的重要表现方式。在人际沟通过程中，表情的表现力是最强的，也是最容易被察觉的。如果在沟通时始终笑脸相迎，不仅会增加对方的好感，也会让对方产生亲切感。反之，如果在沟通时面无表情、严肃生硬，会让对方感觉非常不舒服，往往会失去进一步沟通的可能。因此，在职场沟通时，要做好自己的表情管理，用愉悦的心情，面带微笑地投入工作当中。

微表情沟通

表情在人际交往中真实可信地反映着人们的思想、情感及心理活动与变化。美好的表情将愉快的气氛感染给别人，在积极、轻松的工作氛围和环境下工作，会达到事半功倍的效果。

提高个人素质和职业道德，严以律己，宽以待人，就会保持开朗乐观的情绪，表情自然就美好动人。最基本的表情应为大方、自然、专注、友善。在面对他人时，应表现为面带微笑，注视对方，并且适度互动，不卑不亢。具体应做到以下 5 个原则：

1. 主动微笑原则

主动微笑顾名思义就是首先要向对方微笑，主动营造友好的沟通氛围，在轻松愉快的环境中欢迎对方并与其交谈。

2. 自然大方微笑原则

自然大方微笑原则强调适度热情，表情自然，微笑得体、适度、合时宜，让对方有如沐春风、宾至如归的感觉。

3. 眼中含笑原则

眼中含笑不仅强调微笑要大方得体，更加注重眼神的表达。要开心真诚地笑，从其眼睛中就能找到答案。

4. 健康微笑原则

微笑应该是健康的、爽朗的，自身状况不佳时，即使露出笑脸，也会给人不自然的感觉。至于一脸病相、倦相时，或微笑时牙齿不洁、不整甚至有异味时，则更难给人留下好印象。

5. 把握时机的维持原则

目光与对方接触的瞬间，就要目视对方开始微笑，坦然自信，不可斜视，不可左顾右盼、交头接耳，也不要有羞涩之感。微笑的时间长度以不超过大约 3 秒为宜，时间过长会给人假笑或不礼貌的感觉。

互动空间

微笑练习

以下的练习将有助于你含着自然的微笑去面对对方。

1. 放松面部肌肉

(1)面部体操

☆将嘴纵向张大；

☆将下颌向左右移动；

☆鼓起腮帮；

☆将舌头伸向所有能达到的地方；

☆噘起嘴唇，向两边咧开；

☆再恢复到噘起嘴唇的状态(每个动作 3 次以上)

(2)眼操

☆上下移动眼睛；

☆左右移动眼睛；

☆转动眼睛。

(3)颈操

☆上下伸缩颈部；

☆将颈部向肩的左右两侧摆动；

☆晃动颈部。

2. 塑造口型

就像在拍纪念照时发出“奶酪(cheese)”“威士忌”“茄子”等声音一样，(照着镜子)持续做这样的练习。

3. 微笑练习

(1)引导练习法。闭上眼睛，调动感情，发挥想象力，回忆美好的过去或展望美好的未来，使微笑源自内心，有感而发。

(2)镜子练习法。利用镜子，使眉、眼、面部肌肉、口形在笑时和谐统一。微笑的时候，让嘴角微微向上翘起，略呈弧形。在不牵动鼻子、不发出笑声、不露出牙齿，尤其是不露出牙龈的前提下，轻轻一笑。每个人都可以随身带一面小镜子，每当生气、厌恶、消沉的时候，强迫自己来个微笑，养成每天早晚“变”个笑脸的好习惯。相信对着镜子的几次勉强微笑后，你的心情真的会好很多。

(四)名片礼仪

在职场交往中，名片承担着与对方保持联系的责任，它不仅是个人的介绍信，也是相当重要的交往工具。在交际过程中，如何递交名片，需要注重哪些细节，以及如何得体地接受名片，是进入职场前需要解决的问题。

1. 名片的递交

(1)名片递交时应注意的细节

• 与客户初次见面时，应先递上名片，表明身份。

• 在遇到陌生人时，交谈之初不要过早地递送名片，因为这种热情可能会打扰到别人，也有推销自己的嫌疑。

• 名片不要从裤兜里取出，最好放在上衣兜里。

• 递名片时各个手指需并拢，大拇指轻夹名片的右下方，使对方好接拿，使自己的名字正对着对方，不要将名片背面对着对方或是颠倒着面对对方。若对方是外宾，最好将名片上印有英文的那一面对着对方。递名片时应起身站立，走上前去将名片双手以弧状递交于对方的胸前，不要将名片举得高于胸部。

• 递交名片时，要面带微笑，并进行自我介绍，随后可以说请多多关照，常联系，见到您很高兴等。

• 同时交换名片时，可以右手递交名片，左手接拿对方名片，这时左手应抬高，右手应压低。

• 拿到对方名片后不要玩弄对方的名片，也不要在名片上书写记录。

• 当与多人交换名片的时候，应遵循由尊而卑、由近及远的次序，也就是说，要先把名片递给年长的、资历深的人。当有上司在场的时候，要等上司递上名片后才能递上自己的名片。

(2)名片递交时的注意事项

- 破旧名片不可使用。
- 要在递交名片前将其整理好，以防在递交名片时混乱不堪。
- 不要坐着递名片。
- 不要用手折名片。

2. 名片的接受

接受别人名片时，需要注意：

他人递名片给自己时，应起身站立，面带微笑，目视对方。接受名片时，双手捧接，或以右手接过，不要只用左手接。接过名片后，要从头至尾把名片认真默读一遍，或轻轻地念出对方姓名、头衔以确认对方的名字并表示重视对方。如有不认识的字应立即询问，如果念错了要记着说对不起。接受他人名片时，应使用谦词和敬语。不要根据名片职位的高低改变态度。不要随便搁放名片，不要将名片放在低于腰部的位置，一定要放在上衣衣兜里。接过来的名片不要放在手里揉搓。

拓展阅读

职场沟通礼仪

学习并掌握沟通的礼仪规范，是我们立足职场、获取成功的重要前提。从某种意义上说，沟通的内容固然重要，但沟通礼仪也不容忽视。

沟通礼仪要注意以下五个方面：

一是沟通时态度要诚恳。说话本身是用来传达思想感情的，所以，说话时的神态、表情都十分重要。表情有时候甚至是比语言更为重要，面无表情或表情冷淡，都会破坏沟通的氛围。

二是沟通时用语要文雅。用语文雅，本身体现出对他人的尊重。譬如称呼对方时用“您”“先生”“小姐”，比直接称“你”“哎”“喂”等交际效果要好得多。用“请问您贵姓啊?”代替“你姓什么呀?”，也会使人听了更舒服。

三是沟通时要做到言之有物，不要废话连篇。言之有物要求沟通者必须讲自己的真实思想，讲自己的真情实感，那样即使讲得不怎么贴切，对方也不容易产生反感，因为你付出了真心，人家也会以真心来对待你。

四是沟通时要做到言简意赅。一个人说话应力求做到语言简洁明快，同时要做到所有的表达都应当清晰明确。言语啰唆，意思表达不清楚，既浪费了别人的宝贵时间，又浪费了自己的“表情”，对人对己都无益处。

五是沟通时要做到理直气和。一般人认为，“理直”就应该“气壮”，因此常常有人就会“得理不饶人”。我们必然认同“理”要直，更要认同“气”要和的做法，也就是说理由要充分，但态度要和蔼可亲。

提升沟通技巧的几个秘诀

提升沟通技巧是需要锻炼和磨砺的。在这里，根据经验，笔者提供一些沟通小秘诀以供参考。

秘诀之一，控制自己的情绪是保证沟通有效进行的前提。在沟通过程中，即使对方看上去是在对你发脾气，但也不要与之针锋相对，这样做的结果虽然能让你感到“舒服”，但一点都无助于有效的沟通。你可以在气头上时做一个深呼吸，然后静静地默数到10，这是为了腾出时间让对方尽情地发泄情绪。一个人的情绪如果得到发泄，就会很快归于平静，有效的沟通由此可以继续下去了。

秘诀之二，沟通中千万不要不懂装懂。“知之为知之，不知为不知，是知也。”你不必知道所有的答案，你也不可能知道所有的答案，既然这样，老老实实地说“我不知道”，或许能收到意想不到的良好效果，这会让对方拉近与你的距离。美籍华人、著名学者、诺贝尔物理学奖获得者李政道到清华大学演讲时，面对学生的提问，连续三次说“不知道”。结果获得全场最热烈的掌声，这就是孔夫子讲的“是知者”。

秘诀之三，注重倾听是沟通中的重要技巧。在沟通的过程中，沟通者一定要在沟通中对事实或感受做正面反应，千万不要对此表现出抵触情绪。譬如，“多告诉我一些你所关心的事”或是“我了解你的失落”，总比说“喂，我正在工作”或“这不是我分内的事”(这很容易激怒对方)要好。

秘诀之四，使用更深入的询问方式是有效沟通的重要方法。一般而言，人们都更倾向于主动表达，而绝少有只喜欢倾听的。因此，相对来说，在沟通中善于倾听就显得尤为重要。你可以使用更深入的询问方式来表示你在认真倾听，可以这样说：“请告诉我更多你所关心的事。”“请问你所关心的某某事是怎么回事啊?”“我对你刚才说的很感兴趣，你能告诉我是什么导致你如此相信它的吗?”“你为什么对某某事感到如此满意？我好像也挺有同感的。”

秘诀之五，用重述的方式印证对方的讲话，有助于准确理解对方表达的意思。在沟通中，对方说的和自己所听到的有时可能会产生理解上的偏差，这是因为我们个人的分析、假设、判断和信仰可能会歪曲我们所听到的事实。为了确保你能够真正了解对方说的意思，可重述一遍你听到的内容以及你的想法，并向对方询问："我理解的对吗？"如果你对某人说的话有情绪反应，就直接说出来，并询问更多的信息："我可能没有完全理解你的话，我是以我自己的方式来理解的，我想你所说的就是××的意思吧？"或者直接问："这是你的意思吗？"

秘诀之六，坦白承认你给对方所带来的麻烦，这样容易让对方宽容你所带来的那些麻烦。例如，如果你应邀去协助更新某人的电脑，并要在她的办公室里进行这样的更新工作，你就可以这样说："我知道在这个不太方便的时间打扰你很不礼貌，但我将感激你的合作。我们的维修工作可以很快使你的电脑系统恢复正常，我们将会在下午3点钟到您那儿去，大约5点钟左右应该能够结束工作，不知您能否同意这样的安排？"

秘诀之七，千万不要随意地去指点别人，更不能在沟通的过程中随意去指责别人。所有的人都会认为自己是最在行的，没有谁会轻易地希望别人对自己的人生、工作或生活进行指点。因此，如果没人问你，就千万不要去向对方指指点点。如果实在忍不住想指点别人时，一定要用婉转的表达方式，譬如可以说"有可能是……"或"我也遇到过这种类似的状况，如果你认为有用的话，我愿意与你分享我自己的一些经验"。

秘诀之八，沟通要善于求同存异。要善于找出沟通双方共同喜欢的是什么、共同感兴趣的是什么(尽可能不产生分歧)。可以先把你自己的意见说出来以供双方找出共同点。譬如可以说："我认为这个计划可以使你取得成功。"

秘诀之九，可以以自我为中心，但不能不顾及沟通的另一方。大多数人，一般都会以自我为中心，这是人性使然，不值得大惊小怪，从沟通的角度看，这也不是件坏事。一方面，以自我为中心，容易保持沟通的激情和良好的状态；另一方面，以自我为中心，也更容易做到最大限度地保护自己，使自己更容易处于沟通的主动地位，使沟通的效率达到极致。

资料来源：汪连天：《职场礼仪心得——职场沟通礼仪》，载《工友》，2010(12)。引用时有改动。

任务二　讲究沟通艺术

任务导入

让素养帮你打赢第一仗

应聘是我们进入社会的第一次亮相，它为我们以后的发展奠定了基础，也决定了我们进入社会的起点，这个起点将会影响我们职业生涯的最高成就。良好的职业素养对于打赢第一仗至关重要。不要认为在工作中说话得体、做事眼明手快就可以了，如果没有职业素养，可能连入门的机会都会失去。作为公司老总，我经常会亲自招聘员工，曾有两名应聘者给我留下了深刻的印象。

第一位是个研究生，有才气，文笔也好，尽管我很欣赏她，但却迟迟下不了决心录用她，因为虽然她已经 30 岁了，但却处处显示与她年龄不符的幼稚。她说她曾经当过一天老师，但一天下来她因为学生的顽皮而委屈得大哭。这让我很担心她的心理承受能力。接着她又说自己正在进修英语，犹犹豫豫地问我，她如果到公司上班，英语要是落下了该怎么办?

如果你是一个老总，面对这样没有主见的应聘者，你会录用她吗？我虽然觉得她很幼稚，但看在她很有才气的份上，决定给她一次机会，让她回家好好准备一下，第二天 8:30 来复试。

第二天 8 点我到了办公室，可是到 8：30 了，还不见她的人影，又等了十来分钟，我接到了她给我发来的一条短消息："对不起，路上堵车，我要晚到半个小时，请您等我一下。"

就在这一刻，我决定，哪怕她才气再高，也不会录用她，因为她连基本的职业素养都不具备。守时是做人最基本的准则，哪有应聘者会让老板等她?

另一个到我公司应聘的女孩是一个本科生，在和我谈话的时候，她很自然地将自己所学的专业与公司的需要结合起来，并告诉我她的特长是什么，可以为公司的发展做哪些贡献。

这个本科生说起话来有条不紊，句句扣紧自己可以为公司做什么，这让我当场决定录用她。

启示

一个是研究生，一个是本科生，两人同到公司来应聘同一个职位，看起来研究生应该比较有优势，但为什么结果却是本科生赢了研究生？

提示：关键之处就在于沟通艺术！你也许才高八斗，你也许学富五车，但你同时一定要明白：知识不等于素养。即使你智商很高，但如果不讲究沟通艺术，还是会在职场上碰壁，许多珍贵的机会甚至会白白溜走。

良好的沟通是由自身职业素养决定的，这种素养不仅仅指一个人的学识，更多的是指修养与德行。

人际沟通

我们将来面对的职场生活不仅需要合作与分工，更多的时候还需要我们与同事、领导进行对话沟通，比如，面试、升职、加薪、冲突、分歧等。在这些关键的时刻，职场沟通艺术就显得尤为重要，它是我们职业生涯成功与否的关键，也是职业核心素养的重要组成部分。

一、职场沟通原则

（一）平等和信任原则

平等和信任原则是职场沟通的基础。只有在平等信任的基础上，职场沟通活动才有意义并能顺利进行，只有上下级之间、同事之间平等信任，才能达到良好的沟通效果。首先，我们应该了解展开沟通的目的是实现信息的互通、情感的交流、达到职场工作顺畅。也就是说要实现双向的沟通就必须平等的对话，如果双方有一方弱势，说话会有所保留，做不到知无不言、言无不尽；而处于强势的另一方，如果保持高高在上的姿态以及强烈的心理优越感，许多话不屑去表达，便很容易导致沟通的失败。因此，双方在平等与信任的基础上开展交流对话才能使职场沟通顺畅且高效。

连线职场

小王是某部门的职员，有一次，领导让小王写一份部门工作报告。小王之前没有接触过此类工作，一时没有了方向，于是向领导请示如何写。领导告诉他："自己想办法解决。"于是，小王按照自己的理解完成了报告交给了领导，领导看到后，十分不满意，让小王重写一份，与此同时已经耽误了上交时间……

启示：从这个案例，我们来分析小王不能按时完成工作的原因，主要因为双方没有建立起平等信任的关系，缺乏了平等信任的基础，没有进行有效的沟通。小王没有向领导说明自己的困惑，领导也没有以平等的姿态和下属沟通，反而盛气凌人，不屑表达，最终导致工作效率低，耽误公司整体工作进度。

（二）坦诚和尊重原则

坦诚交流和相互尊重是职场沟通的前提。沟通先从关心和尊重对方开始，关心对方总能获得对方的信任和好感，从而促进双方更融洽地交谈，因此，在沟通时一定要注意细节并保持体贴入微的态度。关注对方的需求，专注倾听对方的兴趣，不因外界事物的干扰而分心。不交流不相干的话，不打断对方的话，不批判对方，不与对方争辩是非。听取别人的意见和建议，尤其是不同的声音。尊重他人是实现有效职场沟通不可或缺的条件，此外还需坦诚待人。一段关系里，坦诚地说出自己感受并听取当事人对自己的看法，可以减少 80%的烦恼。

尊重与坦诚缺一不可，因尊重而真诚，因真诚而赢得尊重，只有以诚相待，尊重与真诚并存，才能让对方感觉到安全并愿意与之交流，从而达到职场工作顺畅交流的目的。

连线职场

王海波：坦诚是最强的职场实力

在朋友圈和同事圈中，王海波不仅是资深前辈，更是人们口中的"传奇"人物，从业 20 年，他干的一直都是销售工作，只要他一出马，少有拿不下来的客户。每当谈判陷入绝境，或者失败已近定局的时候，王海波一定能够翻转局面。

不仅如此，作为创始人的左右手、公司的核心高管，王海波颇得老板的信任。同时，这位70后的管理者也似乎拥有独特的魅力，和80后、90后下属打成一片。

但说到自己的职场秘籍，他的回答简直有点小儿科——坦诚。在他看来，坦诚是一种职场智慧，更是一种平等、自信、开放的心态，在这个基础上，什么事情都能做好。

越自信才能越坦诚

刚加入365翻译网时，公司当时有与一家硅谷互联网公司合作的机会，合作一开始进行得并不顺利。最后，对方明确提出“在这次合作伙伴的挑选中，365翻译并非首选”。

眼看着合作快要陷入僵局，凭借多年的经验和直觉，王海波仍旧决定坚持。听到客户这番话时，他的第一反应是“我们不是被拒绝了，而是客户不理解我们，我有必要对他们做一些澄清。”随后，他立刻联系上合作方的负责人，又进行了一次约谈。在这次谈判中，王海波非常认真地向对方讲述了公司的优势、劣势。

他提出，二者都是新锐的互联网公司，基因相似。同时，365翻译又是一家创业型公司，与传统公司相比较，足够开放，愿意尝试更多新的商业模式，这次合作可以更好地帮助对方，服务用户。对方负责人听完之后，立马说道：“我觉得下一步可以深入谈一谈，之前我们了解得确实不够。”

就这样，王海波成功赢得了这次机会。坦诚有时候需要一种自信的心态。很多时候，当对手很强大的时候，很多职场人在心理上就已经陷入自卑和惧怕了，“哦，对方不会看上我的”，但事实上，对方真的足够了解你吗？

很多销售在跟客户交流的时候，总是面临这样的困扰：我要赚客户的钱，如何去跟客户坦诚？“但事实上，商业的本质就是追逐利润。”

在王海波看来，自己做的事情是对客户有帮助的，和客户坦诚有什么不对呢？其实，这是由于人的自卑心理在作祟，很多职场人缺乏基本的自信体系。

资料来源：谢丹丹：《王海波：坦诚是最强的职场实力》，载《中外管理》，2015(5)。引用时有改动。

(三)礼貌和宽容原则

礼貌和宽容是职场沟通的润滑剂，在人际沟通交往中必须以礼相待。我国是礼仪之邦，比较注重礼貌的细节，礼貌是人与人的信任，礼貌是人与人之间沟通的保障。在职场沟通过程中，人们会出现不同意见和看法，也会产生矛盾，分歧与摩擦在所难免。如何冷静处理这类问题呢？要提高个人的职业核心素养，要有宽广的胸怀，宽容大度的气质，才能冷静下来处理问题。人无完人、金无足赤，只有宽容大度，“存大同去小异”才会成功沟通，从而达到职场的共识。所以说，礼貌与宽容是减小摩擦的最有效的润滑剂。

二、职场沟通的准备

(一)谈话氛围

良好的谈话氛围是谈话双方建立和谐沟通的基础，也是沟通顺利进行的重要方面。双方的重要沟通，也许会因为情绪激动、意见分歧等因素，无法进行下去，这时，我们需要适时跳出圈子，主动采取一些缓和气氛的方法。方法分为：暂停、幽默一下、道歉、对比说明、创建共同目的。

1. 暂停

当双方情绪激烈的时候，可以尝试采取一些措施来缓和气氛。例如，暂停休息几分钟，不仅能够缓和紧张的气氛，还能帮助理清思路，重新审视双方观点，调整好心情和状态，组织好语言，从而使头脑清醒地继续洽谈。

2. 幽默

幽默是打破僵局、调节谈话气氛的好办法。幽默地谈话能化干戈为玉帛，巧妙地去除彼此之间的隔阂。

3. 道歉

此外，道歉也可以缓和谈话气氛。俗话说，精诚所至，金石为开。真诚的致歉，不仅让自己处在安全的氛围中，也会让对方放下防备，愿意继续沟通。

4. 对比说明

简单地说，对比说明就是要说明白你希望这次对话的目的是什么、不是什么。

一般当被误解了目的或者用意时，使用道歉就显得做作不真诚，这时候，我们选择使用对比说明。

5. 创建共同目的

一般在什么情况下适合使用创建共同目标这个方法呢？有时，我们发现与对方存在不同的意见情绪激动的时候，可能以上几种方法都没办法帮助到我们，我们可以尝试科里·帕特森在《关键对话》一书中提出的，运用 CRIB 创造共同目的的方法：当你感到对方和你的目的不一致时，应当这样做，暂停充满争议的对话内容，关注对方的真正目的是什么，然后努力创建共同目的。

积极寻找共同目的——做出单边承诺，表示你愿意继续进行对话，直到找出让双方都满意的解决方案。

识别策略背后的目的——询问对方为什么想要实现所说的目的，分清他们的要求和要求背后的真正目的。

开发共同目的——如果明确双方目的之后仍无法取得一致，那就想办法开发级别更高、更为长远，能够帮助双方避免争执的新目标。

和对方共同构思新策略——明确共同目的之后，你应当和对方一起寻找对双方都有利的解决方案。

（二）谈话内容

谈话内容的准备，并不适用于简单的沟通，当我们需要和对方进行一次深度谈话来解决问题、达成共识的时候，需要提前做好必要的准备。谈话内容是我们在一场重要谈话前需要准备的提纲，也就是在《关键对话》一书中提到的关键对话的引导性思路，我们需要思考以下问题：

(1)我的目标是什么？

(2)我希望为对方达成的目标是什么？

(3)我希望为两人关系达成什么目标？

(4)为了达成以上目标应该怎么做？

我们用电影《中国合伙人》片段举例练习，新梦想被美国公司告侵权并索要 1500 万美元巨额赔偿，双方进行谈判。谈判前需要准备以下谈话内容：

(1)我们的目标是将赔偿的金额降到最低。

(2)我们希望与对方合作，能够帮助对方在中国市场扩大规模。

(3)我们希望与对方建立合作关系，达成双赢局面。

(4)我们应该让对方看到新梦想的实力以及中国留学市场的巨大盈利空间。

互动空间

一天下班后，主管刚回家，就接到下属小王的电话。

主管："小王，你有什么重要的事情吗？"

小王："主管，我男朋友病了，我想去看望他，明天请假一天。"

主管："不行，你不知道这几天单位人手不够，大家都忙不过来，我怎么能批准。"

小王："哼，你就是不批准，我也不会来上班的。"

……

后来，主管多次给小王打电话，小王就是不接。第二天，小王果然没有来上班。

主管考虑，如果记旷工的话对她的影响会很大，但如果不记旷工，其他下属慢慢也会像小王那样，完全不把规章制度放在眼里，不把主管当回事。真是左右为难，但最后主管还是决定记小王为旷工，结果小王愤然离职。

请思考：你是主管，这通电话如何打？

提示：面对冲击不要先顾及自己的面子，先要问问自己：

(1)我的目标是什么？

(2)我希望为对方达成的目标是什么？

(3)我希望为两人关系达成什么目标？

(4)为了达成以上目标我应该怎么做？

拓展阅读

勿进雷区，交谈六忌

职场沟通艺术

职场中最基本的生存法则：学会与人沟通。说话是一门艺术，也是一种技术。看似简单运用自如却不容易。学会沟通可以让自己的职场之路更顺畅。

不要说"但是"，学会"而且"的表达

"但是"在语言沟通上造成的语境是转折。明明是一件好事，一个"但是"便会很快否定前面的表达内容。如果你在听取一位同事的项目计划，为了表达赞同，你也许会说"这个计划非常好，思路清晰、目标明确，但是你应该……"一个转折将原本的认可大打折扣。如果变成：这个计划非常好！而且，如果在时间节点上给予更多的关注，会更好！""而且"是意思递进的表达方式，强调明确。

不要说"仅仅"

当团队在讨论项目策略的时候，不要说：这仅仅是我的建议！"仅仅"代表数量少，且设定了范围。这样的表达会让你的想法对于项目的价值贡献大打折扣。当提供某种建议、策略的时候，应明确自己想法，"这是我的建议！"

不要说"务必"而要说"请您"

职场中一定会遇上需要其他人协助的时候。当你遇到比较紧急需要处理的问题在与人沟通时，不要说"请务必在上午10点前给我回复！"而要用更婉转的方式，例如"项目实际紧急，请您协助回复"。务必是命令式口吻，会给人造成极大压力而形成逆反心理。谁不愿意协助更礼貌的人呢？

不要说"本来"

如果你跟其他同事意见不统一的时候，或许你会说：我本来是不同意这个方式的。这会让人觉得对于其他的建议你可以接受，但立场表明不够明确。"本来"看似是不重要的用词，使用中却在语义上有了不同的表达意思。需要明确表达的时候可以直接将本意说清楚，例如"对此我有不同想法"。

不要说"不清楚"

职场中最忌讳说"不清楚，这事跟我没关系"这样推卸责任的话。遇到不知道的事情非常正常，但是要巧妙地表达。"我去了解一下，稍后给您回复。"巧妙的回答既可以掩饰你不知道的尴尬，也为自己争取了解的时间，从而做出足够的准备再进行准确回复。

任务三　提升沟通技巧

任务导入

根据网上一项最新的职场调查结果显示：80%的人，在和老板相处的过程中，都存在以下9大问题！

测一测，看看你中招了吗？

1. 老板布置了不想做的工作，不知道怎么办。

2. 我花了很长时间修改报告，却还是被老板怼。

3. 我害怕和老板说话，总是担心说错话。

4. 老板答应了升职加薪，却迟迟没有兑现。

5. 我总很难把握老板的需求。

6. 我看不出老板的夸赞是不是出于真心。

7. 我和老板意见出现了分歧，我该怎么去处理呢？

8. 我害怕老板烦，有了问题不敢请教他们。

9. 我的同事升职了，成了我上级，我很难习惯。

老板的这些要求，你遇到过多少？

1个都没有。说明你和老板之间的沟通基本没有障碍。

1到2个。说明你和老板之间的沟通还需要掌握更多方法。

3个以上。说明你每天都在工作中浪费了大量时间，并严重缺乏和老板之间的沟通技巧，必须马上改变！

启示

学会沟通是职场生存的第一步，通过学习沟通的有效方法、提升沟通策略、清除沟通障碍，能够大幅度提高工作效率。

职场沟通策略也称沟通技巧，掌握沟通技巧是我们清除沟通障碍的有效途径，也是我们从职场新人蜕变成职场达人的必修课程。

一、调整心态，做情绪的主人

沟通的不顺畅很大程度上是因为受到了情绪的影响。情绪混乱、愤怒、发脾气会直接导致言语的粗暴和无礼。这种情绪无助于解决问题，只会影响沟通结果。因此，调整心态，做情绪的主人是提升沟通策略的第一步。

我们来找寻一下影响我们情绪的原因，美国心理学家埃利斯创建的情绪 ABC 理论可以帮助我们找到答案：A 是诱发性事件，B 是信念，C 是人的情绪和行为。

情绪 ABC 理论

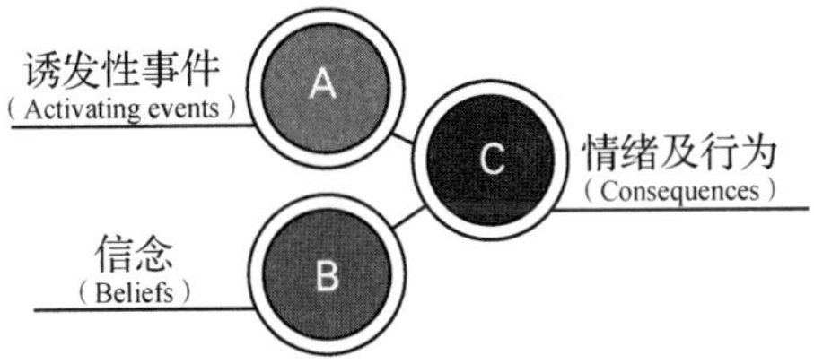

埃利斯曾说道：“人不是为事情困扰着，而是被对事情的看法困扰着。”

通常人们会认为，人的情绪的行为反应是直接由诱发性事件 A 引起的，即 A 引起了 C。ABC 理论则指出，诱发性事件 A 只是引起情绪及行为反应的间接原因，而人们对诱发性事件所持的信念、看法、解释——B，才是引起人的情绪及行为反应的更直接的原因。

例如，两个人一起在街上闲逛，迎面碰到他们的领导，但对方没有与他们打招呼便径直走过去了。这两个人中的一个对此是这样想的：“他可能正在想别的事情，没有注意到我们。即使是看到我们而没理睬，也可能有什么特殊的原因。”而另一个人却可能有不同的想法：“是不是上次顶撞了他一句，他就故意不理我了，下一步可能就要故意找我的岔儿了。”

两种不同的想法就会导致两种不同的情绪和行为。前者可能觉得无所谓，该干什么仍继续干自己的；而后者可能忧心忡忡，以至无法冷静下来做好自己的工作。

从这个简单的例子可以看出，总想通过改变 A 来改变 C，无济于事，人们无法从中获得快乐，而我们能做的最好方法就是改变 B(我们对事物的看法)，也就是适时调整心态，让积极乐观的心态主导我们的情绪，让我们成为情绪的主人。情绪问题解决了，沟通障碍将迎刃而解。

二、学会倾听，做心灵的主人

倾听，侧着耳朵仔细听。倾：歪，侧着。《礼记·孔子闲居》中曰：“倾耳而听之，不可得而闻也。”意指凡事须仔细听。倾听是有效沟通的基础，也是一门艺术。倾听不仅用耳朵听对方说了什么，还要用心去感受对方谈话过程中表达的信息。

一个有职业沟通素养的人，不管是对同事、上级，还是对陌生人，都可以认真地去倾听，等人说完，不去打断。这样能体现你的儒雅、包容、大度，从而给别人留下不错的印象。

我们学习倾听的目的是要缓解或解决人际关系矛盾，促进双方沟通。学会倾听，要做到三个方面：一是不轻易打断别人说话；二是不抢着表达自己观点；三是不喧宾夺主、以己度人。

我们在练习倾听技巧的时候，要学会克制诉说的冲动，不管对方的话听起来有多荒谬可笑，不管你是多么厌恶或者不赞同对方的话，你必须要忍住说教和反驳，只需要给出复述式的回答，复述对方的情绪或者内容，不要评论或者提意见。

当好倾听者需要听取对方的观点和意见，每个人都希望表达自己的想法，无论是否同意对方的观点和意见，都要学会倾听，这样才能看到对方的心灵世界，打开沟通的大门。

三、用事实说话，做生活的主人

在我们学会调整心态做情绪的主人并能够用心倾听别人的前提下，我们还要学习如何表达自己的想法并让对方愉悦地接受，既表达自己又关心他人，成为生活的主人。

沟通是一门艺术也是技术，需要我们仔细推敲、勤加练习才能应用于实践当中。在人际交往中，应注意沟通礼仪，打磨沟通艺术、提升沟通策略、灵活掌握职业核心沟通素养的相关内容，为无障碍沟通打下坚实的基础。

拓展阅读

职场沟通禁忌

(1)使用不良的口头禅。不要使用会带来负面印象的用词，如“你不懂……”“笨蛋……”“你有问题……”“废话少说……”“少啰唆……”等。人类会因对方的用词来整理脑中的印象，自己也会不经意地受到自己所使用的词的影响。不良的口头禅既会影响到自己的行为，也会影响到周遭的人，因此最好多用一些积极的、肯定的用语。

(2)用过多的专业术语或夹杂英文。要将原本很简单的事，深入浅出地说个明白，并不是件容易的事。如果你真的充分了解的话，就不应该利用晦涩的术语来解释，而要列举一些广为听者熟知的例子来从旁举例、简单说明。因为沟通是要清楚地让对方了解你的意见，虽然专业术语能正确地表达一个定义完整的概念，但前提是你沟通的对象也能明确地知道专业术语的含意，否则你将传达给对方并不完整、无法让人充分了解的信息。除了沟通的效果大打折扣外，别人会先入为主地认为你是特殊专业领域的人而无法与你沟通。同样地，有些人不管谈话的对象有哪些人，话中总喜欢掺杂一些英文，好像英文才能正确表达他的意见。想想若是对方无法听懂你的英文，但又羞于告诉你他听不懂你刚才说的英文，这样就已经造成了沟通障碍。因此当你有掺杂说英文的沟通习惯时，请留意你的谈话对象的反应。

(3)只顾表达自己的看法。不倾听对方的意见，只顾表达自己的看法，这种心态特别是在长辈对晚辈、上司对部属沟通时最容易出现。

(4)易受干扰的环境。某位下属对自己未来的生涯规划感到彷徨，和主管约了时间就这个问题进行深度沟通。主管请他到办公室谈一下，下属慎重地讲着自己内心的彷徨，可是不时有下列情形出现：有人进办公室提醒主管十点要开会；电话铃响起，主管接了电话……。可想而知，下属的心已经受到伤害。

(5)忽略确认不了解的讯息。说话者有责任用清晰、明确的方式表达自己的意思，同样的听话者也有义务确定自己能充分了解对方传达的任何信息。千万不要因为不好意思而不懂装懂，表面上频频点头称是，但脑海中却茫然失序，这种结果一定对沟通后的效果造成不良影响。

(6)被第一印象及身份、地位左右。受第一印象的好坏及对方服饰、地位、学历等影响，就不能客观地听取对方的话语。

(7)过度以自我为中心。只相信自己的意见、想法是最好的，强行要别人接受。

(8)不信任对方。当你不信任对方时，心中自然会产生防备心理，往往不能坦诚沟通，同时容易误解对方的意思。

(9)伤害他人自尊心。多赞美对方，要舍名取实。意见大同小异时，要赞美并采用对方的意见。

(10)触及隐私。勿触及和对方信仰、宗教有关的话题。勿触及和对方收入、经历、家庭状况、家庭环境有关的话题。彼此相识不深时，最好不要深入隐私的话题；若关系已经很亲密，则由对方自然地说出来会比较好。

(11)强迫对方做出结论。可暗示对方做出结论且自己不要主动作结论，而要留机会给对方。

(12)用威胁的语句。威胁的语句，一定会令人反感而产生反抗的心理，使沟通失败。常见的威胁用语如："你最好这样，否则……""我只给你二个选择，……""如果你不能……，就别怪我要……"等。

项目训练营

一、沟通礼仪案例练习

某公司新建的办公大楼需要添置一系列的办公用具，价值数百万元。公司的总经理已做了决定，向A公司购买这批办公用具。

这天，A公司的销售部负责人打电话来，要上门拜访这位总经理。总经理打算等对方来了，就在订单上盖章，定下这笔生意。

不料，对方比预定的时间提前了2小时，原来对方听说这家公司的员工宿舍也要在近期内落成，希望员工宿舍需要的家具也能向A公司购买。为了谈这件事，销售负责人还带来了一大堆的资料，摆满了桌子。总经理没料到对方会提前到访，刚好手边又有事，便请秘书让对方等一会。这位销售员等了不到半小时，就开始不耐烦了，一边收拾起资料一边说："我还是改天再来拜访吧。"

这时，总经理发现对方在收拾资料准备离开时，将自己刚才递上的名片不小心掉在了地上，对方却并没发觉，走时还无意从名片上踩了过去。这个不小心的失误，令总经理改变了初衷，A公司不仅失去与总经理商谈提供员工宿舍家具的机会，连几乎到手的数百万元办公用具的生意也告吹了。

请问：A公司的生意为何告吹了？

二、沟通艺术案例练习

"不管什么事情，只要交给小王我就放心了。"小王进公司三年，这是领导经常挂在嘴边的一句话，开始小王很高兴，但时间一天天过去，交给他的工作却越来越多。

小王就是加班加点也干不完，可周围的同事却闲得多，薪水却并不比他少。而小王干得越多犯错的机会也就越多。

小王总觉得领导很信任他，所以他从来不对领导“抱怨”，而领导如果继续给小王增加任务，小王应该怎么办？于是，小王决定找领导谈谈。

请你用引导性思维来思考小王这次找领导谈话的内容。

不要先顾及自己的面子，先要问问自己，如果我是小王我会：

1. 我到底要的是什么？

2. 我要他人做什么？

3. 我如何改善关系达成一致？

参考答案

PROJECT 4

项目四
职业核心执行素养

PROJECT 4

认知目标

了解执行力的要素、知晓自身执行力水平、认识执行力对大学生的重要意义。

素养目标

掌握时间管理的方法与策略，领会目标管理的原则和目标分析的方法与策略。

运用目标

运用时间管理的具体方法对个人任务进行计划和安排，学会对具体任务进行目标分析。

任务一　端正执行态度，树立执行信念

任务导入

大二学生小李曾经有这样的经历。前一晚睡觉前制订了第二天的学习或工作计划：第一，早上晨读半小时；第二，上午去图书馆完成上周老师布置的课后作业；第三，下午按时上课；第四，晚上要读一小时的书或者看一小时的课程视频。结果，他第二天早上晨读的时候被微信公众号新闻所吸引，一晃半小时没了；在图书馆做作业的时候遇到了同学说超市搞活动，邀请他一会儿一起去买东西，结果他又提前离开了；下午的课是院系公共课，上课人数众多，老师点名之后课间他就溜走去打球了；晚上的学习计划因为下午体力消耗较大也没能完成。(原创案例)

启示

试问一下自己，你在平时的学习生活中，是不是也遇到过这样的情况呢，前一天列出的计划，第二天大部分都没有完成。想改变这样的现状，需要我们提高专注力和执行力，树立执行信念。

执行力是组织或个人能够正确、迅速地贯彻意图，以达到目标、完成任务的能力和力度。它是一个系统的概念，与组织业务、组织人员、组织文化乃至外部环境因素紧密相关。执行力主要包括制定明确的目标、自觉实施行动、坚定克服困难等方面，是大学生更好地度过大学生活、适应未来职场生活应必备的素质与能力。

一、执行力三要素

(一)目的明确

人的活动总要具有明确的目的，才能清晰地认识主体行为过程及其结果。目的性是人类行为不同于动物行为的最本质的特征。由于具有目的性，执行力既可以推动个人进行为了达到目的所必需的行动，也可以抑制与目的相矛盾的愿望和行动。

比如，某同学已经确定要利用业余时间复习功课，就会使他在既定时间内专心致志地学习，同时又克制自己不受无关诱惑的干扰，不去进行无关的活动。

（二）自觉行动

执行力的树立必须要靠自觉的行为。所谓自觉性，就是指人在活动前，就能对活动的本体意义和社会意义有清晰、明确的目的。一个具有充分自觉性的人，能根据对客观事物发展规律的认识，加强自己的主观能动性。惰性是自觉行动最大的敌人，它能埋没人的才华、扼杀人的潜能、磨灭人的斗志，使人很难有大的作为。因此，大学生要自觉克服惰性，才能取得更大的成功。

（三）克服困难

执行力的强弱与克服困难的大小成正比例关系。在一定条件下，执行力越强，就越能克服更多更大的困难；反之，执行力弱，就只能克服较小的困难，甚至无法克服困难。同样，克服的困难越多越大，就能使执行力磨炼得越来越强。针对每个人在困难面前的表现来看，执行力又可以划分为坚强型和懦弱型。坚强型的本质特征就是不怕困难、知难而进，敢于迎接挑战、克服困难。具有坚强型执行力的人往往具有很强的韧性和忍耐力，能忍受一般人无法忍受的痛苦，经得起一般人不能经受的考验。懦弱型的本质特征是害怕困难、知难而退，面对困难惊慌失措，畏首畏尾，缺乏耐心和忍耐力。这类人只想在顺境中生活，不愿在逆境中奋斗。每个人在学习生活和工作中都会遇到各种苦难、挫折和失败，执行能力的强弱是成功者与普通人的区别。

二、大学生执行力内涵及特点

大学生执行力主要由四个因素构成：行动意愿、知识技能、创新思维和自我控制。其中行动意愿指工作或学习的主动期待，包括目标、理想、信念、责任等，这一因素决定执行力的高度；知识技能是行动过程中应具备的素质，包括组织、计划、沟通、协调等，这一因素决定执行力度；创新思维体现在解决问题的过程中的工作方法、思路、流程、手段等，这一因素决定执行速度；自我控制是在行动过程中的耐力、承受力、协调力等，这一因素决定执行效率。综上所述，大学生执行力就是在一定的目标引领下，用知识和技能不断进行自我成长，同时能够抵抗压力并完整地完成任务的过程。

（一）执行意识积极主动

大学生良好的执行力主要表现为高度自觉和自发意识，即在行动中能够积极主动的发现问题、解决问题，不仅能做到按照学校或他人要求完成指示，而且能及时将行动结果反馈或自省。对于大学生来说，较强的行动意愿不能只在口头上说说，而是要负有责任感并保持主观能动性，在接受任务之后想尽所有办法、用尽全力把任务完成。大学生的执行力表现在能够将较强的行动意愿和自觉自发的态度结合起来，勇于面对执行过程中的挫折和困难。

（二）执行态度谨慎完美

具有较强执行力的大学生既要有“舍我其谁”的魄力，更要有保证任务质量、工作一丝不苟的谨慎态度。大学生应该把自己的本职工作搞好，把学习当成义不容辞的责任，对待学习过程中的任何事都要注重细节，认真对待，对于学校和老师布置的任务更要以严格标准要求自己，扎实落实，不能存在应付了事、凑合等消极思想。如果在执行任务过程中敷衍了事、得过且过，再宏大的志向、再完美的决策也终将沦为纸上谈兵。

（三）执行思路理性灵活

大学就是一个小社会，大学生要面对形形色色的同学、老师，每一个个体性格不同、脾气迥异，在协同完成任务的过程中难免产生隔阂、摩擦。因此面对困难时，大学生应保持头脑灵活、冷静，善于分析问题，能够随机应变、判断是非，用灵活创新的思路敏锐观察身处的客观环境，分辨外界信息，把事物发展的态势和可能出现的结果做出理性判断，具备机智的应急能力和应变能力。与此同时，要能够随时保障自己的人身安全和财产安全。

（四）执行过程实干创新

能够不断学习新的知识和技能是当代大学生应必备的核心素质。大学生由于生活经验尚浅、知识储备不足、社会工作水平欠佳，因此在执行任务的过程中要时刻保持谦虚、谨慎的态度，树立实干作风，脚踏实地发现问题、研究问题、创新思路、解决问题，不断吸收新的知识经验。并且能够自省和积累，最终使自己的执行能力在实际任务中得以不断提升。创新是要在执行过程中抛开墨守成规、循规蹈矩的套路，做前想、做中思、做后省，做到每件事都要将效率、效能摆在和完成任务相当的位置，具有强烈的创新意识。

（五）执行方式和谐团结

很多时候任务的完成单靠一个人的力量是不够的，因此任课教师会布置课后项目、小组学习的任务。大学生执行集体任务中要在具有大局意识，能够严以律己、宽以待人、相互协作、彼此帮助、共同提高，不能抱有少我一人不影响大局的想法，不能降低自己在团队任务中的执行作用。同时，在面对不同意见的时候，要有较好的组织和沟通能力，协调自己和他人的执行范围，协作完成团队任务，把完成任务作为大家共同的目标。

三、你了解自己的执行力吗

执行功能包括分析、组织、决策、计划等。有的人具备比别人更强的执行力，而有些人则具有执行功能障碍。执行功能障碍是指个体在履行自己的日常职责或任务时难以完成一些特定任务的情况。具有执行功能障碍并不意味着不正常，这只是正常的另一种形式。同学们需要了解自己的执行力水平，才能更好地端正执行力态度，树立执行力信念。

互动空间

下面是10组行为的情况描述，每一组代表一个执行力的类别，每个类别有4种行为表现，请大家阅读以下内容，并结合对自己的了解和他人评价，在和自己情况相符的条目前打勾。①

Part1

- 我习惯匆匆忙忙的完成作业或工作任务，只要做完就好。
- 我不喜欢那些需要解决问题的任务或游戏。
- 我需要反复听别人的指导才能完成任务。
- 需要有人告诉我，不然我察觉不到自己的行为影响到了别人。

① （美）莎伦·A. 汉森：《执行力，青少年战胜拖延低效的行动计划》，北京，机械工业出版社，2018。

Part2

- 我经常记不住要用哪些材料和工具才能完成作业。
- 我总是找不到自己写完的作业。
- 我不能把自己的宿舍、抽屉、桌面、床铺或衣物收拾整齐。
- 我经常难以找到要用的东西。

Part3

- 我总是难以开始行动，这导致我不能按时完成任务。
- 我难以把新的任务或者突发情况与制订好的计划相协调。
- 我难以准确的估计一件事情需要完成的时间。
- 我总是到了最后期限才能勉强提交作业或任务。

Part4

- 我经常发脾气。
- 相比我的同学或朋友，我显得更容易紧张不安。
- 我一旦生气就难以控制自己的情绪。
- 一些看似无所谓的小事也会使我心烦。

Part5

- 我有时会打断别人的谈话。
- 有时候我会提出别人不太接受或认可的意见或建议。
- 我会在老师布置任务前就开始预习或者准备工作。
- 课堂提问时，老师没叫我回答问题我也会主动喊出答案。

Part6

- 一旦原计划有变，我会难以处理。
- 换一个新的环境会让我觉得困难。
- 对某个任务，如果我第 1 次尝试失败了，我可能就选择放弃。
- 如果一件事自己不太明白，我很难开口去寻求别人的帮助。

Part7

- 我经常需要被催促才能开始一项任务。
- 我需要被人提醒做作业或做其他事情。

- 我需要被人提醒遵守课堂纪律。
- 我难以做到多重任务同时进行。

Part8

- 我难以完成任务，尤其是比较难的任务。
- 大型的任务或项目使我倍感压力。
- 我总是被周围环境中的事物影响注意力集中。
- 学习的时候，我会和旁边同学说话而难以专心。

Part9

- 我难以记住别人口头交代我3件以上的事情。
- 我会忘记老师交代的任务。
- 我难以记住要用哪些材料或工具才能完成作业。
- 如果被连续问了多个问题，我只能记住并回答第1个。

Part10

- 如果我在做事时被打断，就很难重新进入状态。
- 如果某件事很无聊，我就难以支持下去。
- 当我试图专心学习时，我容易思想不集中。
- 无论在家或学校我都难以设定目标。

这10个类别分别代表什么呢？

Part1——自我认识：个体评估对自己了解程度和做事方法的能力。

Part2——组织能力：建立、维护规则和合理安排任务过程的能力。

Part3——时间管理能力：能够准确估计完成事情所需时间、高效利用和分配时间的能力。

Part4——情绪控制能力：在烦躁、生气、伤心、兴奋等情绪状态下保持冷静的能力。

Part5——行为控制能力：控制自己什么该做，什么不该做的能力。

Part6——灵活性：能够随时改变行动或者调整既定计划的能力。

Part7——主动性：不用他人提醒就能够主动行动的能力。

Part8——专注性：不受外界干扰能够专心做事的能力，即便是自己不感兴趣的事情也能专心完成。

Part9——工作记忆：能够记住完成任务所需要的信息的能力。

Part10——坚韧性：能够从头到尾完成任务的能力，哪怕是枯燥的任务也能完成。

如果在某个类别中你标出了两条以上，那就说明你的执行力在这个方面有所欠缺。

四、帮助端正执行力态度，树立执行力信念的五种方法

（一）情境选择

提高执行力最好的方法是让自己处于有利于实现长期目标的情境或环境中，避开那些会让你受到诱惑的情境。比如，你知道晚上和同学约去聚餐肯定要喝酒，而喝酒势必会影响第二天上课的状态，那么你就要选择果断拒绝邀约。

（二）情境修正

可是有时候你没办法避开客观诱惑，但是你可以把情境变得对你有利。比如，你想好好学习但是你觉得上网会让你分心，那就把 WiFi 关掉。如果学习必须需要上网，那就去图书馆用只能用局域网的电脑学习(当然这是一种特殊情况，比如需要使用数据库查找文献)。

（三）选择性注意

如果你不能避开或者改变情境，就以一种有助于抵御诱惑的方式去集中注意力，避免失去自控力。比如，如果你正在努力实现少吃甜食这个健康目标，就不要走进学校食堂的甜品区。

（四）认知改变

重新认识诱惑。比如，你周围的同学都在抽烟，你把抽烟当作很酷的事，这时候你要去想想那些乌黑的肺和褶皱的皮肤，然后对不适宜的行为作出认知改变。

（五）反应调整

用意志力抵抗诱惑。可能有同学认为增强意志力是抵抗诱惑的最好途径，但其实这是效果最差的方法，因为你需要花很大的力气去抵抗诱惑。但是在其他方法都

不行的时候，你要牢记自己的任务，努力让自己用意志力去抵抗诱惑。

连线职场

精益求精坚定青春信仰，青涩华年终将华丽绽放

90后大国工匠——陈行行

2019年3月由中华全国总工会、中央广播电视总台联合举办的2018年“大国工匠年度人物”发布活动颁奖典礼在央视综合频道播出。中国工程物理研究院机械制造工艺研究所工人陈行行入选2018年“大国工匠年度人物”。

听到大国工匠的这个称呼，很多人以为陈行行是一个上了年纪的老师傅，而实际上陈行行年仅30岁。陈行行是一个从微山湖畔小乡村走出来的农家孩子。小时候，他的动手能力就很强，喜欢把自行车、电视的零部件拆了重新组装。从山东技师学院机械工程系毕业后，他无意中与中国工程物理研究院研究所结缘。进入研究所工作后，陈行行勤奋精进，凭借全面的技能、扎实的编程功底和精湛的操作技术，用3年时间完成了普通人需要16年时间达成的目标，成为单位在新设备运用、新功能发掘、新加工方式创新等方面的领军人才。

“千锤百炼出深山”，陈行行工作的加工车间位于绵阳园艺山的半山腰，训练环境很艰苦。他为备赛早起，带一片面包就赶往车间，时间紧、任务重，忙起来顾不上吃饭，实在饿了就啃一口面包接着训练。陈行行能做到用比头发丝还细0.02mm的刀头，在直径不到2m的圆盘上打出36个小孔，这比用绣花针给老鼠种睫毛还难。没有人能做到的事情，他却做到了。在高速旋转的刀具作用下，36个小孔，精确成型。10年时间破茧成蝶，在投身我国核武器研制的宏伟事业中，他成长为数控机械加工领域的能工巧匠。在大国重器的加工平台上，他用极致书写精密人生。

作为当代大学生，我们正确认识和领悟工匠精神，坚定自身技能成才的信心和技能报国的决心，树立“劳动光荣、技能宝贵、创造伟大”的理想信念，才能成长为能够为国家和社会发展做出贡献的大国工匠。

任务二 制订目标计划，实现精准执行

任务导入

扎克伯格曾在一次演讲中说，他创办 Facebook 的目标，并不是创造一家伟大的公司。所以，即使公司爆发危机，所有的高层几乎都离开了的时候，有人想买下他这家公司，他还是拒绝了。因为他很清楚自己的目标是：连接更多的人。所以他能够忍受着被全世界不理解的痛苦，硬是扛过了 Facebook 最艰难的时光。

2019 年，年仅 36 岁的扎克伯格以 623 亿美元财富位列福布斯全球亿万富豪榜第 8 位，而他的 Facebook 也成为全世界最大的社交网站，他真正做到了“链接更多的人”。

启示

拥有目标感的人，总是能够迎难而上，在每一次战胜逆境后的蜕变中，不断向自己的目标靠近。而没有目标感的人，就像一只在惊涛骇浪中失去方向的船，对自己的生活失去了掌控感。作为大学生，必须要学会设定合理目标、学会制定目标、培养目标执行过程中的自控力，才能最终收获目标。

目标常被比喻为人生灯塔和指南针，每个大学生都怀揣着梦想走进大学校门，梦想就是目标的一种称谓。目标是个体指向未来的期待，在纷繁复杂的大学生活中如何保证我们能朝着梦想中的方向前进，不偏离自己的方向，将是大学生必须要学会并付诸实践的能力。

一、大学生与目标管理

（一）什么是大学生的目标管理

目标管理是以建设的最终效果为标准，将参与的组织或个体视为核心要素，通过过程化管理有效实现最优化结果的现代管理方法。目标管理是企事业单位最常用的管理方法之一，其自下而上和自上而下双结合的制定策略对组织运行起着重要的作用。大学生的目标管理，是将组织中目标制定的原则和方法运用到大学生活之中，提升大学生的学习效率和任务效能的手段。具有良好目标管理能力的大学生往往在学业和就业过程中获得更突出的成就。

（二）目标管理在大学生活中的意义

目标管理的意义主要表现在：

(1)大学生进行目标管理能将个人的目标进行清晰明确的表达，使个体对自我应担负的责任和义务有客观全面的了解，并明确努力达成的目标和方向。

(2)大学生制订目标管理计划可使个体对自身有明确的定位，了解自身特点和优势，在达成目标的过程中，有效发挥自身特长和能力。

(3)大学生对既定目标的有效分解和达成可充分使自身能较好地应对危机，同时向更高的发展层次迈进。

(4)明确的目标管理可以协调个体与个体、个体与组织之间的关系，最终形成和谐、协作、团结的组织形态。

(5)大学生在目标的产生过程中将每一个部分都制定出可量化、科学化的考核标准。

(6)掌握目标管理的具体方法，可以将长期目标、短期目标相结合，交替递进完成，最终形成长效自我管理机制。①

（三）培养大学生自我目标设定能力

自我目标的设定是自我领导理论中行为聚焦策略的一个重要环节。个体要实现自我领导，必须有较高的、清晰可行的目标，且又有不断追求高目标的动力。它是由目标的方向、高度与难度、层次、内容、动力性等有机组合而形成的成才目标体

① 田合超：《基于目标管理的高校特色班级建设研究》，成都，西南石油大学出版社，2012。

系。目标设定既要符合社会需求，也要体现个人特点。自我目标设定能力既包括个体是否有清晰的目标，也包括设定目标后的坚持力，即使在面对反对意见时仍坚守不渝。目标既有长期的目标(如未来的职业目标、人生目标等)，也有短期的计划(如完成学业、获取各种资格证书等)。[①] 大学生应在正确的自我认知基础上，以追求高目标为导向，明确其职业目标，做好中短期与长期规划，在实现目标过程中培养坚持力与执行力，并以自我管理为调节器，形成由外部驱动自我而有效达成目标的动力机制，进而提高个体效能。

连线职场

大多数人的平庸，来自极差的执行力

每个人年轻的时候都有梦想，那些实现理想的人，未必比你我聪明，也未必比你我勤勉，但他们往往有着比你我更强的自控力和执行力。

每个人都会遇到类似的情况，因为执行力不够，所以事事拖延，事事懊悔，最后落得一事无成。那些执行力很强的人，他们不仅仅及时制定了目标，而且完成了目标。

想到和做到之间，相隔甚远。没有执行力，就会一直在原地踏步，难以从平庸中跳脱出来。执行力上的低效能，就是问题所在，它往往源自人们内心常常面临的多个问题。

只有直面自己的问题，我们才能对症下药，找到解决之道。执行力的本质和内核，就是要切中要害、不留死角、解决问题。一个人的执行力强不强，就看他在自己遇到困难的时候是否能够持续不断地行动。很多时候，平庸或者卓越，都潜藏于我们日常生活中的行动里，最重要的不是你曾经想到过什么，而是你最后做到了什么。

机会只有一次，这句话并不是空口无凭，而是在无数次的实践验证当中总结出来的。尤其是在职场上，时间不等人，我们不能让别人等待自己，只有永远在第一时间反应，发挥执行力，一刻不等地去“做”，才能把握住宝贵的机会。所以，千万不要给自己犹豫的机会，不要让自己的拖延症在犹豫的短暂一刻里萌发，我们就能快速提高自己的执行力。

资料来源：《大多数人的平庸，来自极差的执行力》，载《领导科学》，2018(27)。

---

① 赵聪环、周作宇：《论大学生的自我领导力教育》，载《大学教育科学》，2017(2)。

二、执行中目标设定的原则

（一）SMART 原则

目标管理中目标设定的一个重要原则就是 SMART 原则，提示告诫他人在设定目标的过程中，不要只看到目标达成后的效果，而是要在目标制定、实施、反馈过程中，充分考虑到目标是否具体、是否可以量化、是否可以达成，是否对目标进行反馈，是否目标达成需要时间限制因素。① 制定目标原则看起来非常简单，但是为使目标更具现实操作性、行动更具引领性，作为大学生，我们在设置行为目标的过程中必须认真学习并掌握运用 SMART 原则。

SMART 原则具体目标指的是：

S—明确性(specific)或者重要的(significant)。

M—可衡量性(measurable)或者有意义的(meaningful)。

A—可实现性(attainable)或者有行动导向的(action oriented)。

R—相关性(relevant)或者有收获的(rewarding)。

T—时限性(tine-bound)或者可跟进的(trackable)。

S—明确性：所谓明确就是用具体的语言清楚地说明要达成的行为标准。明确的目标几乎是所有成功团队的一致特点。很多团队不成功的重要原因之一就是目标设定得模棱两可，或没有将目标有效地传达给相关成员。

M—可衡量性：可衡量性就是指目标应该有一组明确的数据，是衡量是否达成目标的依据。如果制定的目标没有办法衡量，就无法判断这个目标能否实现。

A—可实现性：目标是为了让执行人实现、达到的，如果上司利用一些行政手段，利用权力性的影响力一厢情愿地把自己所制定的目标强压给下属，下属典型的反应是心理和行为上的抗拒。

R—相关性：目标的相关性是指实现此目标与其他目标的关联情况。如果实现了这个目标，但对其他的目标完全不关注，或者关注度很低，那么这个目标即使达到了，意义也不是很大。

T—时限性：目标特性的时限性就是指目标是有时间限制的。大学生对于目标设

---

① 田合超：《基于目标管理的高校特色班级建设研究》，硕士学位论文，西南石油大学，2012。

置要有明确时间限制，根据具体学习要求或工作任务的重要性、事情的紧急性，拟定出达成目标项目的时间要求，在此过程中要定期检查项目的完成进度，以便随时掌握项目进展的变化情况，这样是为了方便对自己的行动进行及时修正，以及根据工作的异常情况变化等及时地调整工作计划。

总之，大学生无论是制订自己的学习计划，还是规划未来的职业目标，都必须符合 SMART 原则，五个原则缺一不可。制定的过程也是对自身的工作掌控能力提升的过程，完成计划的过程也就是对自我现代化管理能力历练和实践的过程。

（二）计划性原则

凡事预则立，不预则废。计划性工作的习惯是做好时间分配和时间管理的关键。在实际工作中，应事先做出计划、按计划执行，并注意留出处理不可预计事务的时间。

1. 合理制订计划

会不会利用时间，关键在于会不会制订完善的、合理的工作计划。为了管理好时间，需要首先确定时间管理目标和制订时间分配计划，然后按照计划去做。有效计划并不是要将未来每一天、每一周或每一个月都填满。而是在内容上更侧重于什么时间需要做什么事情，哪些工作在这个时间段会是关键或重点，完成这项目标需要哪些工作的配合等，并根据任务二讲过的四象限法则等时间管理方法，做出自己的行动计划指南表。

2. 提高计划执行力

计划制订好后，就应该按计划执行。不执行的计划毫无意义。“今日事，今日毕”是高效率的表现。许多人习惯做事拖拖拉拉，久而久之养成了今天的工作拖到明天，明天的工作拖到后天的习惯，可是我们每天都会有新的工作，“明日复明日，明日何其多”。所以我们要提高计划执行力，尽可能把当天的工作当天完成，在第二天着手解决明天的工作。

3. 必须留出处理不可预计事务的机动时间

再周详的计划，也可能会有意外情况的发生，这些是在设定计划时所始料不及的。弥补的关键是事先留出处理不可预计事务的时间，以便对突发事件进行快速反应、及时部署，让有限的时间发挥更大的弹性。一般来讲，按照 60/40 原则安排会比较合适，其中60%的时间为工作任务时间，40%的时间为机动时间。

三、优化执行目标的策略与方法

确定职业目标后，去分析和评估目标的可行性、分析和评估达成目标的可能性就成了当务之急。分析和评估目标通常需要从自身出发，进行一系列的考察和研究。问题分析法是通过回答一系列与目标达成相关的问题来对目标进行评估分析的方法。通常，可以提出的问题包括：

(1)这个目标与我的价值观和信念一致吗？这个目标是否与我在个人生活中所追求的信念相一致呢？

(2)这个目标能在多大程度上满足我的兴趣爱好？在实现这个目标的过程中我能感到身心愉悦吗？

(3)这个目标是来自我的内心的吗？还是别人或社会强加给我的？

(4)我有足够的动力去实现这个目标吗？我能有足够的热情坚持下去吗？

(5)这个目标具有可行性吗？通过我的学习和努力能达到目标的要求吗？

(6)我具备实现这个目标的潜在能力吗？我能习得目标达成的所需技能吗？

(7)外部社会与环境在多大程度上支持我的目标达成？我能克服环境中的阻碍吗？

四、大学期间目标制定的策略和方法

(一)目标计划的概念

目标计划是使决策落到实处的行动规划。尽管在日常生活和工作中，我们并不是将每一个计划都用书面方式写下来，但至少在心中会有所“盘算”。在心中“盘算”的过程其实也是对事情的计划准备的过程。古语云：“凡事预则立，不预则废。”计划的制订对于正确地、有序地指导工作是十分重要的。

(二)计划的内容

五“W”法是种归零思考法，即通过回答五个包含“W”的问题来思考个人职业生涯的发展以及职业目标的可行性，这五个问题是：

(1)Who are you？(我是谁?)回答这个问题，要求大学生对自身的情况进行自省。

(2)What do you want?（你想要的是什么?)大学生要在大一或者大二时明确自己的职业发展和学习需求，从长远的视角来查看目前的行为和目标是否一致。

(3)What can you do?（我能干什么?)对自己的能力与技能进行全面总结，定位自身职业发展空间的大小，考察能力与已经制定的目标之间的匹配程度。

(4)What can support you?（客观支持或允许我干什么?)衡量自身的人际关系、社会支持等客观因素，思考这些因素在你职业生涯过程中是否能起到助推的作用。

(5)What you can be in the end?（我最终的职业目标是什么?)理解职业发展的最终状态，从期望的职业目标考虑目前现状，衡量目前的目标与最终目标之间的相互关系，评估两者一致性程度。

将长期的大的目标分解为短期的、小的目标是保障实现目标的重要前提。每个学年的任务，都可以具体化为学年目标，再在学年目标的基础上分解为学期目标、月目标、周目标、日目标。如何保证完成大学四年的学习生活任务十分重要。因此，大学生有必要首先制定大学期间的目标。

(三)大学生年度计划的内容

1. 大一：了解自己，了解专业，适应生活

大一是形成良好学习习惯的重要的一年。在这一年中大学生需要对自己的能力特点、专业追求、未来发展有一个大体的了解，比如专业的学习内容、学习要求和就业情况，全身心投入专业学习中。同时，大学生要积极参加学校的各项活动，提升计算机、英语等通识技能。职业院校的同学还要充分利用实践课或者实训的机会，锻炼自身的业务能力。这一年，需要做好良好的规划，有选择性地参加社团活动，协调学习和生活时间，不能因为丰富多彩的校园生活或社会活动影响专业学习。

2. 大二：掌握知识、提升技能，综合发展

大二对于职业院校学生来说是转折之年，通过一年的专业学习，大家应该对自己的知识技能水平、综合能力有了较为深刻的理解，对于今后要继续在专业上深造还是步入职场以及规划未来要逐步提上日程。这一年的主要任务是要更加深入学习专业知识，使自己具备应用实战的能力，锻炼自己的社会交往、组织协调能力，同时在有条件的基础上多参加校外实践活动，走出“象牙塔”的庇护，到社会中历练。

就业指导课是增强大学生就业能力的重要途径，大学生要充分利用就业指导课、创业创新课、生涯规划课等课程提升求职能力，在时间允许的范围内利用学校提供的实习信息、组织的实习招聘会，了解实习的有关事项，在假期进行实习。

3. 大三：制订计划，完成学业，坚定前行

职业院校一般采用“2＋1”学习模式，即2年在校学习，1年实习实践。大三意味着要考虑毕业去向，是走出学校，开始实习就业，还是继续专升本、出国等，还是要自主创业等。对于绝大部分同学来说，就业是最普遍的选择，因此这一年要寻找目标，了解当年就业政策，强化求职技巧，进行模拟面试等训练。同时积极参加宣讲会、招聘会、投送简历，积累择业就业的实践经验，不断提高就业竞争力。对于那些要继续深造的同学，更要有恒心、耐心、决心，不能受其他同学或者社会因素的影响而摇摆不定。对于创业的同学，除了要有理想和抱负，更重要的是脚踏实地工作，保持清醒的头脑。不管怎样，大三过后，大家都要各奔东西，无论选择哪条道路，一定要选择适合自己的、自己喜欢的，然后坚定不移地前进。

互动空间

如下表所示，请运用 SMART 原则制订行动计划

具体目标	分解目标	对应 SMART 原则
本学期通过英语四级考试	一个学期	T
	学习英语四级	S/R
	保证每天至少一小时练习	T/M
	能够通过真题测试	A/M
	可以和外教进行 10 分钟对话	A/M

续表

具体目标	分解目标	对应 SMART 原则

拓展阅读

培养自控力：如何不吃那颗棉花糖

关于自控力最重要的科学发现是：自控力是可以被训练出来的。

——沃尔特·米歇尔

在20世纪60年代末、70年代初，心理学家沃尔特·米歇尔进行了著名的研究“棉花糖实验”。他让一些4岁的孩子独自待在房间里，除了一块美味的棉花糖，房间里没有其他任何东西。他告诉孩子们，他们可以现在吃这块棉花糖，但如果他们能等待会儿，就可以吃两块棉花糖。

通过观察可以看到选择等待的孩子们有如下表现：

一些孩子不看棉花糖，选择了走到一边去，远离棉花糖，或是通过唱歌或者玩手玩脚来分散注意力。

一些孩子把棉花糖想象成抽象的东西，比如一朵云或者这只是一张棉花糖的照片。

一些孩子把棉花糖想象成不好的东西。

一些孩子把注意力集中在最终目标上(吃两块棉花糖，而不是只是一块)。

相反的是，那些没有等到最后的孩子们是这样做的：

一些孩子盯着棉花糖，或者拿着那块棉花糖。

一些孩子在闻棉花糖的香味。

一些孩子会想象棉花糖有多好吃。

棉花糖实验(Stanford Marshmallow Experiment)是斯坦福大学米歇尔博士 1966 年到 1970 年早期在幼儿园进行的有关自制力的一系列心理学经典实验。在这些实验中，小孩子可以选择一样奖励(有时是棉花糖，也可以是曲奇饼干、巧克力等)，或者选择等待一段时间直到实验者返回房间(通常为 15 分钟)，得到相同的两个奖励。

在后来的研究中，研究者发现能为偏爱的奖励坚持忍耐更长时间的小孩通常具有更好的人生表现，如更好的 SAT 成绩、教育成就、身体质量指数，以及其他成就。

米歇尔博士跟进了这些孩子的成长，发现那些能够等到最后的孩子表现出了更强的自控力。在之后的人生中获得了更好的成就，比如更高的 SAT 成绩，更突出的学业表现，更强的自尊心和更强的抗压能力。

尽管你现在不需要在现在吃一块还是等一会儿吃两块棉花糖之间做出选择，但你可能需要在浏览社交网站和复习考试之间做出选择，在睡觉和早起练习游泳之间做出选择——换句话说，你需要在长期的目标和短期的“奖励”(或者当时感觉像奖励)之间做出选择。

资料来源：[美]卡伦·巴鲁克：《坚毅力：青少年告别畏难放弃的行动计划》，北京，机械工业出版社，2018。

任务三　掌握时间管理方法，提高执行效率

任务导入

大学生活的自我管理与时间管理

大学四年的时间很短，一眨眼就到了毕业季，这是很多经历过大学生活的人的真实感受。时间是最公平的，每个人每天都有 24 小时，一分不多一分也不少；时间又是最无情的，它总是头也不回地朝前走，不把握这一秒就意味着将永远失去，时光倒流只可能出现在虚幻的童话中。一个真正充实的大学四年，能使自己学业有成、建立良好的社交网、社团活动做出成绩、学好英语和计算机……在大学四年中实在有太多太多的事情要做。(原创案例)

启示

要管理好自己的时间，规划是关键。那么大学生在大学期间应学会规划自己的时间，并分析时间怎样被浪费了，有哪些浪费的现象，以及应该如何避免这些现象，从而对生活和学习进行科学的时间管理。

对于大学生而言，可支配的时间是很多的，但是时间的充分利用率却是有限的。时间是最宝贵的财富，没有时间，计划再好，目标再高，能力再强，也是空谈。时间是大学生最重要的资源之一，因此若要提高学习效率就必须善于利用自己的时间，才能在有限的大学时光里提升自己的综合能力。时间管理的中心原则是“努力集中必要的批量时间去潜心做最重要的工作”。通过本任务的学习和训练，你将能够理解时间管理的概念及意义、掌握高效的时间管理方法和技巧。

一、利用时间管理培养良好的执行习惯

(一)大学生时间管理能力的内涵

时间管理是管理学领域经常探讨的问题，对企业管理、领导管理、组织管理具

有重要意义和价值，是提升组织效能和领导管理水平的主要途径。时间管理是指在时间消耗相等的情况下，为提高时间利用率和有效性而进行的一系列的活动，包括对时间进行有效的计划和分配，以保证重要工作的顺利完成，并在此过程中能及时处理突发事件或紧急变化。[①] 那么对于大学生而言，时间管理是指大学生对个人的大学生活时间(包括学习时间和闲暇时间)主动地进行计划、控制等一系列的管理活动，最终达到最有效地利用时间来发展自我的效果。它以人生观价值观为宏旨，以个人的自我管理为核心，以具体时间运用上的管理活动为主要内容，既包括运用有效地管理方法来节约时间、提高时间的使用效率，也包括克服和消除浪费时间的内外因素。[②]

(二)时间管理能力是执行力的重要体现

大学生要学会时间管理，不是说要在固定的时间内把所有任务都要完成，而是要学会如何更有效地运用时间提升自我效能、降低任务的牵制感。时间不受人类主观意识控制，所以时间管理的对象不是“时间”，而是指面对时间而进行的“自我管理”。也就是说，通过时间管理，我们能够主动、有效地控制时间，让时间为自己服务，而不是在时间面前充满被动和困惑。怎么能在单位时间内完成更多的任务，带来更多的效益，才是我们追求的目标。时间管理的本质其实就是自我管理。

(三)运用时间管理让执行力更有效

时间管理的目的就是将时间投入与你的目标相关的工作，达到“双效”(效率、效能)，即让自己既能把事情很快地做完(有效率)，又能把事情做对做好(有效能)。因此，时间管理不是要把所有的事情做完，而是更有效地运用时间，探索如何减少时间浪费，以便有效地完成既定目标。时间管理的目的除了要决定你该做些什么事情之外，另一个很重要的目的也是决定什么事情不应该做；时间管理不是完全掌控，而是降低变动性，时间管理最重要的功能是透过事先的规划，成为一种提醒与指引。因此，时间管理的最终目标，不仅仅是以效率较高的方式去管理时间，而是谋求人的创造性发展。

---

① 彭晓峰，胡若静：《试论时间管理，艺术在高校学生教育管理中的应用》，载《科学大众(科学教育)》，2011(6)。

② 毕瑞：《大学生课余时间管理能力培养研究》，硕士学位论文，西南大学，2011。

二、大学生执行力不足的具体表现[①]

大学生执行力不足的表现重点集中在缺乏时间的自我管理能力方面。时间对于每个人来说都是平等的，过去了便无法追回。那么为什么有些人可以在有限的时间里有所成就，生活得轻松自在、充实快乐；而有些人却整天忙忙碌碌、焦虑紧张、疲惫不堪，致使生活、工作、学习处于一片混乱当中。究其原因，我们会发现在琐碎的日常生活中，在不良的习惯的影响下，时间在不经意间被浪费了。大学生时间管理能力缺乏的表现如下：

(1)犹豫不决、患得患失、瞻前顾后、拖拖拉拉。花许多时间去思考以后的事情，矛盾、焦虑、难下决定，找借口推迟行动，同时又会为没有完成任务而后悔。

(2)找东西。由于生活没有规律，东西乱丢乱放，浪费大量的时间去找东西。

(3)精力分散，时断时续。不能集中精力做一件事。在完成重要的事情时，一旦间断，就要花费时间重新进入状态，因而工作效率低下。

(4)懒惰、逃避。由于自身的惰性而选择逃避去完成事情，躲进幻想世界，无限期拖延。

(5)事无轻重缓急。在众多事情中抓不住重点，不分先后顺序，不懂得统筹安排。

(6)不懂授权。一个人包打天下，事无巨细，样样亲力亲为，不会把适当的事情委托他人，寻求协助。

(7)盲目行动。在没有预见、把握和详细计划的情况下盲目行动，往往在实施过程中或完成后需要重做。

(8)消极情绪。对所做的事情产生反感、抵触的情绪，不能全身心地投入。

(9)悔恨或空想。对过去的过错或得失感到悔恨，在记忆里浪费精力；或者凭空想象不切实际的未来，却不去行动。

(10)完美主义。过于追求完美，注重没有必要的细节：反复检查已完成的工作，导致耽误之后的进度；对自己求全责备，不懂拒绝。

此外，交友频繁、应酬过多、没有重心、面面俱到等做法也会浪费大量的时间。

---

① 阳立新：《大学生职业生涯规划与就业指导》，江苏，江苏大学出版社，2016。

三、提高执行效率的时间管理原则

（一）帕雷托原则

帕雷托原则也称作“二八定律”，是由19世纪意大利经济学兼社会学家帕雷托提出的。他指出：在一个团队或一群人中，少部分人较大部分人能创造出更多价值，即“80/20”原则。我们常说“一分耕耘一分收获”的道理，但作为时间管理的重要原则，“80/20”时间法则却提供了另一种说法。“80/20”时间法则告诉我们：20％的工作占整个所创造出的工作价值的80％，集中80％的精力做好20％的工作，投入20％的精力做另外80％的工作。它强调“一分耕耘多分收获”，只需要抓住重点，便可以获取多数的成果。因此，大学生应该把十分重要的项目挑选出来，专心致志地去完成，用你80％的时间来做20％最重要的事情，即把时间用在更有意义的事情上。在实践中，我们经常看到20％的客户带来80％的销售额；80％的客户带来20％的销售额。从个人角度看，应该将时间花于重要的少数问题上，让20％的投入产生80％的效益。

（二）帕金森原则

1958年，英国历史学博士诺斯古德·帕金森出版了《帕金森定律》一书，书中提出了著名的帕金森时间定律：“工作会自动地膨胀占满所有可用的时间。”帕金森时间定律也被称为“爆米花”定律，即很少的米会膨胀成一箩筐。定律表明，如果你给自己安排了充裕的时间从事一项工作，你会放慢你的节奏或是增添其他项目从而用掉这一所有分配的时间。在管理上，主要指工作的杂务会被扩大、膨胀，充斥在人们的工作时间内，使自己迷失方向，陷于杂务琐事之中。因此，帕金森时间原则指出，要给事情，哪怕是小事也要设定完成期限，否则事情就像橡皮筋一样会被拉得很长，没完没了。

（三）注意力原则

在快速变化的知识经济时代，我们的注意力太容易被分散，太多的信息、太多的工作、太多的变化、太多的打扰、太多的会议、太多的拜访还有来自各种本能的影响，使我们对时间管理的态度及行为在自觉与不自觉中养成了不专注的习惯。为了让自己获得时间支配的主动权，我们需要不断恢复和聚焦注意力，也就是做任何事情都要一口气干到底，中间最好不要去打断。

（四）生物钟原则

人体生命活动内在的节奏就是我们常说的“生物钟”，一般人体生物钟分为早、晚、兼有三类。大学生要认清自己属于哪种类型，因此可以更好的发挥自己的能力，从而利用自己生物钟的最佳时间。大学生在集体中生活，作息规律需要在按照组织或集体的要求之下才能自我支配。所以要有意识地调整节奏，控制时间，统一行动。

（五）双效原则

每个人的时间都是有限的，所以要做重要的事，从而获得高的效能，即“做正确的事”。如果人们一味把时间和精力进行精确的分配，“正确地做事”，争取最高的效率，反而会因为把时间绷得太紧而产生负面效果。因此，“正确地做事”是以“做正确的事”为前提的，如果没有这样的前提，“正确地做事”将变得毫无意义。

四、大学生提高执行效率的方法与策略

（一）ABC 时间管理法则

美国管理学家莱金提出了 ABC 时间管理法则。他以事务的重要程度为依据，将其各阶段事务由重要到非重要的顺序分为 ABC 三个等级。ABC 分析法是一种颇有成效的时间管理技巧。采用 ABC 分析法，可以使任务程序化，使工作更有效率。在所有任务中，不同任务的比例通常是固定的。依照任务对达成个人目标的重要性，将不同的任务分成 A、B、C 三个等级。时间管理成功的关键点在于，把需要完成的工作按照 A、B、C 分成三个等级，按顺序排列，从而确定优先原则。

1. 最重要——A 级事务

A 级为最重要且必须完成的事务，是与实现自己的目标相关的关键事务，如管理性指导、重要的客户约见、重要的期限临近、能带来领先优势或成功的机会。A 级事物都是必须在短期内完成的任务。一旦完成，就会产生显著的效果；而如果没有完成则可能产生严重的、令人沮丧的，甚至是灾难性的后果。A 级事务的关键是需要立刻行动起来去做。

2. 较为重要——B 级事务

B 级为较重要的事务，往往是指具有中等价值的事务，这类事务有助于提高个人或组织的业绩，但不是关键性的。B 级事务是应该在短期内完成的任务。虽说不如 A 级事务那样紧迫，但它仍然很重要。这些工作可以在一定期限内相应地推迟。若规定的完成期限较短，就应该迅速将它们提升为 A 级。

3. 不太重要——C 级事务

C 级为不太重要且可以暂时搁置的事务，是指价值较低的一类事务。C 级事务是可以推迟，但不会造成严重后果的工作。该事务中的有些工作甚至可以无限期地被推迟。但其他一些事务，尤其是那些有较长时间限制的事务，也会随着完成期限的临近最终转变为 B 级别或 A 级别。

（二）劣后顺序

每个人的时间都是有限的，能花时间真正获得改变的事情也就是优先的。你之所以无法很好地改变，很可能是因为在有限的时间里做了太多本来不必做的事情。劣后顺序，就是说先决定要放弃的事情，是相对于优先顺序而言的。而我们通常习惯按照优先级顺序做事情，就是按待办事情的紧急程度排序排列。例如，今天列出了任务清单，有 10 项任务，其中有 4 项任务是你认为应该去做的，但你的时间根本不够完成 10 项工作。如果按优先顺序排列，会将这 4 项认为应该去做的任务按紧急程度排序，所以摆在你面前的还是 10 项任务；如果按劣后顺序排列会将这 10 项任务按照能被放弃的程度排序，将那 4 项认为应该去做但不是非做不可的任务给舍弃掉，最后摆在面前的任务变成了 6 项。劣后顺序相对于优先顺序的优势在于，减少因做不完任务带来的精神压力，并能让你将精力和注意力集中在必须完成的重要任务中，从而提高效率。

（三）番茄工作法①

1. 什么是番茄工作法

番茄工作法的发明者弗朗西斯科·西里洛当年在上大学期间进行期末考试复习的时候，需要在某天下午复习完《社会学》第一章的所有内容。为了提高学习效率，

---

① ［瑞典］史蒂夫·诺特伯格：《番茄工作法图解》，北京，人民邮电出版社，2011。

西里洛从厨房找来番茄形状的定时器督促自己集中精力学习。定时器的设置从一开始的 2 分钟，变成后来的 25 分钟。西里洛重获了冷静思考的能力和控制力，他不仅通过了考试，还在未来的工作中取得了颠覆性的成就。因为那个番茄形的计时器，西里洛给这个方法取名叫“番茄工作法”。用一句话描述番茄工作法，就是列出每天工作任务，并分解成为一个个 25 分钟的任务，然后逐个执行完成。

2. 番茄工作法的应用流程

(1)准备环节

首先，准备两张纸，第一张纸的内容就是和平时我们罗列任务清单一样，列出一天或者一定时间内所有想要完成的任务，另一张纸是专门写某天一定要完成的任务。例如，某些毕业年级的同学要考专升本或者考研，他会把自己的任务定为考上理想的学校，而番茄工作法要求的清单是具体的某天的某个任务，如今天完成一张真题卷子。

其次，定好时间。往往我们的时间制定的都很宽泛，比如今天读 100 页书，背 100 个单词之类，但是番茄工作法的要求是明确多少个番茄钟，也就是需要多少个 25 分钟。为什么要这样制定呢？人们在心理上常常会拖延，面对一个耗时的任务总会想说先缓一缓再做吧，但是当你把任务拆解成几个 25 分钟要完成的事情时，压力就小多了，你就能专注于这 25 分钟时间。

(2)执行环节

①专注工作

专注工作就是要在这 25 分钟内心无旁骛地、专注地工作。把复杂的大任务拆分成以 25 分钟为单位的几个番茄钟，这样每完成一个番茄钟就会给自己一个正面的激励和奖励，从而鼓励自己把重点任务一步一步攻克，在这个过程中其实你也顺便克服了拖延症。它还有一个好处是，当以一个标准的番茄钟计时时，你就能更好地建立完成一个任务所要花费时间的“时间概念”。

专注工作 25 分钟说起来容易做起来难，因为往往会有各种因素打断你的工作。这些打断因素既可能来自内部，也可能来自外部。

所谓内部打断，就是工作因为自己内心产生的一些想法而受到了打断。比如你在学习的时候突然想起来有个车票要抢购，然后停下来又去手机下单了。为什么经常会有这样的情况发生，因为我们的想法是这样的：突然想起一个事儿，怕忘记它我得赶紧去做，认为等处理完了，回来再接着完成工作不就行了吗？如果 25 分钟的工作时间中间处理其他事情耽误了5分钟，再多工作5分钟不就补回来了嘛？相信大家有这样的体验，如果我们的专注力被打断的话，大概要花10～15分钟的时间才能重新进入专注状态，而不是那仅仅被打断的那5分钟。试想一下如果你一天被四次打断，等于浪费了1小时的时间，这是非常可怕的。因此如果想要高效专注地工作，一定要保证这25分钟的时间尽量不被打断，能够集中地开展工作。

所谓外部打断就是别人给我们安排的事情。比如在专注时间内正好收到父母来电说有急事需要你帮助预约医生，这是无法推辞的，你必须去做。外部的打断不像内部打断很容易自我控制，它往往是自己不能去控制的，所以你只能作废这个番茄钟了，去处理外部打断。

②深度休息

在应用番茄工作法的时候，可能会更注重对25分钟番茄时间的专注，但却不太在意休息这个环节，往往到了休息的时间还在继续工作。但番茄工作法特别强调休息的重要性。我们常常忙碌一整天，导致到晚上五六点的时候可能大脑都无法运转了，这其实是因为大脑没有得到足够多的休息。而番茄工作法要求我们必须在每一个番茄钟之后进行休息，就是为了能让人们有足够的精力保证后续的番茄钟完成。

深度休息包含两个方面：一是休息的时候尽量不要动用你的脑力思考，你可以去冥想、睡眠，或者起来喝杯咖啡，但是不要做大量消耗脑力的活动；二是尽量让自己的休息形成节奏，也就是25分钟的强度、5分钟的休息。比如你进行了四五个番茄钟以后，可能有一个20分钟到半小时长休息的时间。这是要求我们在工作当中要养成高效工作和休息的韵律节奏，从而让大脑建立一种节奏感。

(3)后期回顾

当我们一天完成了这些工作番茄钟以后，需要跟我们在早晨预估的情况进行一个对比检查，看预估了多少个番茄钟，实际花了多少个番茄钟，为什么会出现这样的状况呢？我们对哪些判断得比较准确、哪些没那么准确？原因是什么呢？进行回顾总结，找出差距原因，然后把分析总结的经验应用到下一次的工作中，从而持续地改善我们的工作方法。在这个阶段你就会发现，一个标准的番茄钟是非常重要的，因为我们在日常工作时，是没有一个精确的时间概念的，我们常常不会思考一个工作到底花了多长时间。而当我们有一个标准的工作番茄钟的时候，我们就可以比较过去完成一个任务花费了几个番茄钟，而现在我们完成一个类似的任务又花费几个番茄钟，我们是进步了还是退步了？原因是什么？从而让我们更好地改进任务。

番茄工作法的设计符合科学规律，比如倒计时调动紧迫感，标准番茄钟建立生物钟，并且，这个方法有助于我们大脑的专注思维和发散思维的交替使用。同时，番茄工作法也有其适用场景，你需要有至少半小时的整块时间，而且提出需要专注思考解决的问题，这样工作或学习效率会更高。

项目训练营

一、番茄工作法训练

给自己制定学习活动任务，运用番茄工作法记录下任务完成情况。

Step 1：设定1个番茄钟30分钟，其中25分钟工作，5分钟休息。连续4个番茄时间后，休息15到30分钟。休息内容和时间自己来定。

Step 2：制定“今日待办任务”表，排好优先次序，定时器定好25分钟，开始列表上的第一个任务。

Step 3：第一个25分钟结束，在任务后第一个方格中画×，尽情休息5分钟(不要做任何脑力劳动！倒个水、溜达溜达都行)，再开启下一个番茄时间。如果你在预测的番茄时间内刚好完成任务，就将这项活动划掉。

Step 4：一天结束之际，在最后一个番茄时间里填一个记录表，将今天的工作可视化。

资料来源：[瑞典]史蒂夫·诺特伯格：《番茄工作法图解》，北京，人民邮电出版社，2011。

二、小测试

大学生时间管理行为问卷①

该问卷包括34道题目，其中有15道正向题，19道反向题。采用李克特四点评分方式，“完全不像我”“不太像我”“有点像我”“非常像我”分别记为1分、2分、3分、4分，反向题目(标有R的题目)记分方式则相反，即分别记为4分、3分、2分、1分。评分标准见后。

① 袁湄：《大学生时间管理行为研究》，硕士学位论文，南京师范大学，2006。

题目	得分
1. 我对自己即将要做的事情总是有明确的目标。	
2. 我很容易因为其他事情的干扰而使自己正在做的事情有始无终。R	
3. 我总是当日事，当日毕。	
4. 我经常在学习的时候想着玩，玩的时候又担心没有完成的学习任务。R	
5. 我会把一段时间(一天，一周，一月等)内要做的事情记录下来，做成备忘录。	
6. 即使别人的请求会打破我原来的计划，我也很难说出拒绝的话。R	
7. 我总是先做自己喜欢做的事，而把不太愿意做的事情一拖再拖。R	
8. 一旦制订了计划，我就能够坚持执行它。	
9. 我经常会觉得脑子里有点混乱。R	
10. 我通常都是凭着当时的心情来决定先做什么，后做什么。R	
11. 即使未完成的事情让我产生压力感，我也不想立刻就做。R	
12. 每天晚上睡觉前，我总会想一下第二天要做的事。	
13. 如果一件事情期限是一个月，我一般不会在第一个星期就开始做。R	
14. 我的私人空间(书桌、书架……)大多时候比较凌乱。R	
15. 我会专门花时间对将来要做的事情作计划。	
16. 只要是现在不紧急的事情，我就习惯于把它先放到一边。R	
17. 上大学以来，我无所事事的时间很多。R	
18. 如果有几件事要同时做，我经常要衡量它们的重要性来安排时间。	
19. 我经常会对将要做的事做些必要的记录，而不是主要依靠记忆力。	
20. 我对我做的每一件事的目的或可能的结果都有清楚的认识。	
21. 我目前的生活状态就像“当一天和尚撞一天钟”。R	
22. 我从没想过主动去安排我的生活。R	
23. 学习(听课、看书、完成作业……)的时候，我总是很容易走神。R	
24. 愿望和行动在我身上很难达到一致。R	
25. 我常常会花比较多的时间去找出急需要用的东西。R	
26. 我总是把重要的事情安排到一天中精力最好的时间里去做。	
27. 我通常根据学习任务的重要性来安排学习的先后次序。	

续表

题目	得分
28. 学习任务繁多时，我有一种不知从何入手的感觉。R	
29. 一般来说，只要我静下心来做事，外界的噪音干扰不了我。	
30. 今天的事我不喜欢拖到明天或以后再做。	
31. 考上大学之后，我几乎就没有明确的目标了。R	
32. 新学期开始之时，我通常要制订本学期的学习计划。	
33. 我做事情很容易半途而废。R	
34. 我的书籍、资料等总是被我有条理以分类保管。	
总分	

评分说明：

请统计你的各题目分值综合，并判断你的时间管理能力。

1. 能力较差型(34～51 分)：对时间管理较为怠慢，长此以往，如同自我抛弃；

2. 有待提高型(51～85 分)：想把时间充分利用，但是执行力和自控力较弱，急需提升时间管理能力；

3. 张弛有度型(86～120 分)：恭喜同学，这种状态最适宜不过了，既没有过分紧张，也没有过度松弛，要继续保持下去；

4. 压力过度型(121～136 分)：同学，你的时间观念和时间管理能力非常强，但是长期如此，你有可能将产生较大的心理压力，一定要学会放松，劳逸结合。

三、运用四象限法则根据最近一段时间的任务列出时间管理清单(原创案例)

四象限法则	
重要又紧急——优先解决	重要不紧急——制订计划去做
1.	1.
2.	2.
3.	3.
4.	4.

续表

紧急但是不重要——有空再说	既不重要也不紧急——限制去做
1.	1.
2.	2.
3.	3.
4.	4.

PROJECT 5

项目五
职业核心发展素养

PROJECT 5

认知目标

了解职业核心发展素养的基本内容。

素养目标

养成终身学习、吃苦抗压、勇于创新的职业品质。

运用目标

学会学习，并能够运用所学知识有效应对压力，能够运用创新思维解决实际问题。

任务一　学会学习

任务导入

一个聪明的孩子，在山里遇到一位能够点石成金的老人。老人把一块石头点化成金送给他，他摇摇头不要。老人又把一座小山点化成金送给他，他仍然摇头不要。老人不解："你到底要什么呢?"孩子回答："我要学你点石成金的方法。"

这个故事给我们什么启示?

启示

一个人掌握了学习的方法，就如同获得了点石成金的本领。良好的学习方法能使我们更好地发挥天赋的才能。给学生以"点石成金"的本领，也就为学生的"终身发展"提供了不竭动力。

资料来源：卫刚：《学会学习：给高中生的建议》，南京，东南大学出版社，2010。

人类已进入信息化时代，科学技术日新月异，知识推陈出新的周期不断缩短，这需要我们树立终身学习的理念，学会学习、学会求知，培养不断适应环境变化的思维模式和快速接受新生事物的能力，这将成为面向未来和适应职场的基本能力。

一、终身学习

(一)概念

终身学习是指社会每个成员为适应社会发展和实现个体发展的需要，贯穿于人的一生的、持续的学习过程，即我们所常说的"活到老学到老"或者"学无止境"。法国教育家保罗·朗格朗首先提出了终身教育的主张，认为受教育应当是每个人一生的过程，在每个人需要的时候，随时都可以以最好的方式获得必要的知识。此后，在联合国教科文组织及其他有关国际机构的大力提倡、推广和普及下，终身教育和终身学习的理念在全世界广泛传播。终身学习启示我们树立终身教育思想，使学生学会学习，更重要的是培养学生养成主动的、不断探索的、自我更新的、学以致用的和优化知识的良好习惯。教育的终身化，成为现代化教育中一个富有生命力和感召力的教育思潮。终身教育的概念，重要的一点是教育要贯穿于人生的始终，所以要使教育与生活密切地结合起来，这对制度化的教育提出了挑战，需要注重人们个性发展的全面性、连续性，终身教育比传统教育更加能够显示每个人的个性。

（二）特点

1. 终身性

这是终身教育的最大特征。它突破了正规学校的框架，把教育看成个人一生中连续不断的学习过程，是人们在一生中所受到的各种教育的总和，实现了从学前期到老年期的整个教育过程的统一。它既包括正规教育，又包括非正规教育，涉及教育体系的各个阶段和各种形式。

2. 全民性

终身教育的全民性，是指接受终身教育的人包括所有的人，无论男女老幼、贫富差别、种族性别。联合国教科文组织汉堡教育研究员达贝提出终身教育具有民主化的特色的观点，反对教育知识为所谓的精英服务，使具有多种能力的一般民众能平等获得受教育机会。事实上，当今社会中的每一个人，都要学会生存，而要生存就离不开终身教育，要生存必须会学习，这是现代社会给每个人提出的新课题。

3. 广泛性

终身教育既包括家庭教育、学校教育，也包括社会教育。可以这么说，它包括人的各个阶段，是一切时间、一切地点、一切场合和一切方面的教育。终身教育扩大了学习天地，为整个教育事业注入了新的活力。

4. 灵活性与实用性

终身教育所具有的灵活性，表现在任何需要学习的人可以随时随地接受任何形式的教育。学习的时间、地点、内容、方式均由个人决定。人们可以根据自己的特点和需要选择最适合自己的学习。

互动空间

2016 年阿尔法围棋（AlphaGo）以总比分 4∶1 轻松战胜围棋世界冠军李世石，这是第一次人工智能震惊了世界。2018 年 11 月，世界互联网大会召开，那几天所有人都在讨论，人工智能会对生活造成什么改变。其中最可怕的改变就是，很多工作可能会被人工智能所替代！全球最强大的管理咨询公司麦肯锡(McKinsey)就预测：到 2030 年，全球将有 8 亿人也许会因为人工智能而失业！人工智能可能使 50%的工作岗位消失。银行职员、司机、速记员、翻译、会计、服务员等职业很有可能会被机器人取代。根据在对全球 9 个行业的跨国公司 1300 万名员工进行的大数据调查中发现：65%的小学生长大后将从事目前尚未出现的职业。

请思考：你认为下一个即将被取代的职业是什么呢？时代瞬息万变，我们应该如何应对人工智能带来的挑战呢？

二、学习策略

(一)定义

学习策略是指学习者为了提高学习的效果和效率，有目的、有意识地制定的有关学习过程的复杂的方案。

(二)结构

迈克卡等人提出的学习策略结构如图所示：

- 学习策略
  - 认知策略
    - 注意策略
    - 复核策略
    - 精细加工策略
  - 元认知
    - 计划
    - 监控
    - 调节
  - 资源管理策略
    - 时间管理策略
    - 环境管理策略
    - 努力管理策略
    - 学业救助策略

（三）认知策略及其教学

认知策略是学习者信息加工的方法和技术。其基本功能有两个：一是对信息进行有效的加工和整理，二是对信息进行分门别类的系统储存。

1. 注意策略

注意策略指的是学习者在学习情境中激活与维持学习心理状态，将注意集中于有关学习信息或重要信息上，对学习材料保持高度觉醒和警觉状态的学习策略。它指向学习活动的各个阶段，主要作用是帮助学习者进行知觉定向，实行自我控制，增强学习的意义。在教学过程中，教师可以通过以下几种途径将学生的注意力集中于课堂上。

(1)设置教学目标，告知学生本课的目标。

(2)使用表示重点的线索，如使用手势。

(3)增加材料的情绪性，多用带感情色彩的词汇。

(4)使用独特的或奇特的刺激。

(5)告知学生后面讲的内容对他们很重要。

2. 复述策略

复述策略是在工作记忆中为了保持信息而对信息进行多次重复的过程。长时记忆中也会用到复述策略。

常用的复述策略有：

(1)排除干扰

通过排除内外环境条件中对自身产生的干扰，使教学的内容能够有效准确地被学生接收，保证学习的效率。

(2)抑制和促进

前后所学的信息之间存在相互影响。这种影响有些是消极的，消极的影响被称为抑制。当先学的信息和新信息混在一起时，先前所学的信息就会遗失。这种现象叫做倒摄抑制；当所学的信息干扰了后面信息的学习时，就出现前摄抑制。前后信息的影响有些也是积极的。学习某件事常常有助于学习类似的事，这种现象叫前摄促进；反之，后面所学的信息有助于先前信息的巩固，这叫倒摄促进。

(3)首位和近位效应

教育心理学最古老的发现之一就是，当我们学习完一系列词汇后，马上加以测验，最开始的几个词和结尾的几个词一般要比中间的词记忆得好得多。一方面，人们倾向于记住开始的事，是因为倾注了更多的注意，这造成了首位效应；另一方面，由于最后的项目几乎不存在什么干扰，造成了近位效应。所以学习者应该把最重要的任务放置于学习的首尾。

(4)及时复习

及时对学习内容进行巩固。

(5)集中复习和分散复习

一般分散复习更有益于记忆的保持，如考前抱佛脚，或许能帮你通过测试，但这些信息并不一定能整合到长时记忆中。

(6)部分学习和整体学习

一下子学习大量的内容会产生困难，所以把大块知识分解成部分进行学习，效果要好于整体学习。

(7)自问自答或尝试背诵

尝试对所学内容以回忆或背诵的方式进行复习。

(8)过渡学习

过渡学习，又称“过渡识记”，是指达到一次完全正确再现后仍继续识记的学习。过渡学习有利于识记材料的保持，同时也要明白“过犹不及”的道理。一般来说，学习程度以 150%最佳，其效应也最大。超过 150%，学生会因学习疲劳而发生“报酬递减”现象，学习的效果就会逐渐下降，出现注意分散、厌倦、疲劳等消极效应。

(9)自动化

随着任务学得越来越好，所要求的注意力就越来越少，这样一个过程就成为自动化。自动化主要是通过操练和联系获得的。

(10)实施——在实践中学习

如看完说明书，马上动手操作一遍，比光看会有更多的收获。

(11)情境相似性和情绪生理状态的影响

俗话说“触景生情”“睹物思人”，就是说相似的情境有助于回忆；同样，情绪状态的相似也大大影响了记忆。我们兴奋时，想到的大多是愉快的事，心情不佳时，会记起许多不开心的回忆。

(12)心向、态度和兴趣的影响

这一点就是指人对自己感兴趣的事记得好一些，不感兴趣的事记得差一些。

(13)画线

在所学文字下画线的过程或者做各种标记的过程，就是在帮助学习者进行复述。

3. 精细加工策略

所谓精细加工，主要指对学习材料进行深入细致的分析加工，理解其内在的深层意义，促进记忆的学习策略。即通过把新学的信息和已有的知识联系起来，以此来增加新信息的意义，也就是说我们运用已有的图式和已有的知识使信息合理化。通常精细加工就是我们所说的记忆方法。

(1)简单知识的精细加工策略

对于简单的知识，精细加工策略是非常有效的。其中记忆术是一种常用的有效策略。比较流行的精细加工策略有如下几种：位置记忆法；首字联词法；限定词法(即联想法)；关键词法；视觉想象；寻找信息间的内在联系，利用信息的多余性。

(2)复杂知识的精细加工策略

对复杂知识进行精细加工，主要通过以下几个方法：

①做笔记。从信息加工的角度来看，做笔记有助于对材料进行编码，它同时还具有外部存储的功能。主要包括做笔记摘抄、评注、加标题、写段落概括语以及结构提纲等活动。

②联系生活实际。在学习过程中，学生不仅要理解所学知识的意义，而且能感受到这些知识的价值，学会如何灵活应用这些知识，并迁移到课堂之外的环境中去。

③利用背景知识。在对复杂信息进行加工时，背景知识有助于把新旧知识联系起来，从而有助于加深对新知识的理解，因此这一方法起着非常重要的作用。

4. 编码与组织策略

编码和组织策略是学习和记忆新信息的重要手段，其方法是将学习材料分成一些小的单元，并把这些小的单元置于适当的类别之中，从而使每项信息和其他信息联系在一起。

(1)编码策略

心理学家研究发现，在单位时间内，人类加工的信息量是有限的。工作记忆是人类大脑的一部分，人类的工作记忆最多可以同时处理 9 件事情。人们扩充自己的记忆空间的一条途径就是将这些信息进行编码，从而转化为更大的记忆组块。这就是编码策略。

(2)组织策略

①列提纲。列提纲是以简要的语言来描述新知识的内在层次，体现出知识的组织结构，促进学习者的理解和记忆。②作示意图。就是运用图解的方式来说明信息之间的内在关系，用连线和箭头等形象地显示组织结构。③运用理论模型。这种方法就是用图解的方式来说明某个过程之间的要素是如何相互联系的。④利用表格。就是对材料进行综合分析之后，提取出关键信息，按照一定的方式陈列出来，一目了然、清晰明确。

连线职场

工作中事情太多，记不住怎么办？

1. 辅助记忆的办法

(1)随身携带笔记本。俗话说“好记性不如烂笔头”，给自己随时准备一个笔记本，放办公室或随身携带。领导安排工作的时候，把重点内容记下来，便于随时翻阅。

(2)准备录音设备。领导安排一些比较复杂的工作，已经超过自己理解能力范围。建议打开手机录音功能，或者准备一支录音笔，将领导安排的事务记下来。

(3)用好备忘录。可以采取手机闹钟、便签纸、电子书签等方式，将需要做的工作都记下来，时刻提醒自己。

2. 强化自身能力方面

(1)提升办事效率。已经安排了的工作，一定要分轻重缓急尽快完成，不要养成拖延的习惯。如果未完成的事情堆积太多，不仅让自己身心疲惫，还容易忘记。

(2)做好资料归档。每一项工作的电子档案、纸质材料，都要分门别类地存档，做好标记。方便随时查找。

(3)学会拒绝。如果领导过于依赖你，给你安排了忙不过来的工作，建议要你多向领导汇报，说明自己工作的压力。对一些不属于自己工作范围的事情，也可以想办法拒绝。

(四)元认知策略及其教学

1. 元认知的概念

在学习的信息加工系统中，存在着一个对信息流动的执行控制过程，它监视和指导认知活动的运行过程，负责评估学习中的问题，确定用什么学习策略来解决问题，评价所选策略的效果，并且通过改变策略以提高学习效果。这种执行控制功能的基础就是元认知。

元认知是对认知的认知，具体地说，是关于个人认知过程以及调节这些过程的能力。

元认知具有两个独立但又相互联系的成分：对认知过程的知识和观念与对认知行为的调节和控制。元认知知识是对有效完成任务所需的技能、策略及其来源的意识，即知道做什么，是在完成任务之前的一种认识；元认知控制则运用自我监视机制确保任务能成功地完成，即主体知道何时、如何做什么，是对认知行为的管理和控制，是主体在进行认知活动的全过程中，将自己正在进行的认知活动作为意识对象，不断地对其进行积极、自觉的监视、控制和调节。因此，元认知控制过程包括对目前认知任务的认识、制订认知计划、监视计划的执行以及对认知过程的调整和修改。

2. 元认知的作用

(1)元认知可以提高认知活动的效率和效果。

(2)元认知的发展可以促进智力的发展。

(3)元认知的发展有助于个体发挥主体性。

3. 元认知策略

元认知策略是指学生在对自己学习过程的有效监控。它使学生认识到自己在注意和理解方面可能出现的问题，以便找出来加以修改。

学习时，学习者要学会使用一些策略去评估自己的理解、预计学习时间、选择有效的计划来学习解决问题。假如你读一本书，遇到一段读不懂，你该怎么办呢？你或许会慢慢再读一遍；或许你还会退到这一章更前面的部分，这意味着你要学会如何知道你什么地方不懂，以及如何去改正你自己。此外，你还要能预测可能会发生什么，或者能说出什么是明智的，什么是不明智的。所有这些都属于元认知策略。

概括起来，元认知策略大致可分为以下三种：

(1)自我计划策略

计划策略包括设置学习目标、浏览阅读材料、产生待回答的问题以及分析如何完成学习任务。给学习作计划就好比是足球教练在比赛前针对对方球队的特点与出场情况提出对策。不论是完成作业，还是为了应付测验，学生在每一节课都应当有一个一般的“对策”。成功的学生并不只是听课、做笔记或等待教师布置测查的材料，而是要对自己学习的知识进行主动的建构。

(2)自我监控策略

监控策略是个体对自身行为某些方面的有意识关注。主要包括：自我记录、自我提问、领会监控、集中注意等。包括阅读时对注意加以跟踪、对材料进行自我提问、考试时监视自己的速度和时间等。

领会监控：熟练的读者在阅读时自始至终都持续着这一过程。在头脑里有一个领会的目标，诸如发现某个细节、找出要点等，于是，为了该目标而浏览课文。随着这一策略的执行，如果找出了这个重要细节，会因达到目标而体验到一种满足感。但是，如果没有找到这个细节，则会产生一种挫折感。此时读者就会采取补救措施，比如重新浏览材料，或者更仔细地阅读。

(3)自我调节策略

自我调节策略是指根据对认知活动结果的检查，如发现问题，则采用相应的补救措施，根据对认如策略的效果的检查，及时修正、调整认知策略。

调节策略与监控策略有关。例如，当学习者意识到他不理解课上的某一部分时，课下会重新阅读书中对应的部分；在阅读困难或不熟的材料时放慢速度；复习他们不懂的课程材料；测验时跳过某个难题，先做简单的题目等。调节策略能帮助学生纠正他们的学习行为，补救他们理解上的不足。

(4)自我评价策略

自我评价指个体按照一定的标准和规范来判断自己的行为。

(5)自我指导策略

自我指导就是学习者采用口头或者书面的方式，把学习步骤或者方法呈现出来，从而引导和监督自己的学习。

(五)资源管理策略及其教学

资源管理策略是辅助学生管理可用环境和资源的策略。它有助于学生适应环境和调节环境以适应自己的需要，对学生的学习动机具有重要作用。主要包括时间管理策略、环境管理策略、努力管理策略和学业求助策略等。

1. 时间管理策略

(1)统筹安排学习时间

时间管理策略就是指学习者通过一定的方法合理安排时间，有效利用学习资源。常见的时间管理策略有：设定目标、设定学期计划、规划每周(日)活动。

(2)高效利用最佳时间

在不同的时间里，人的体力、情绪和智力状态是不一样的，也就是说，学习时间的质可能是不一样的。因此，要在不同质的时间里安排不同的学习活动，例如，要在人生理功能旺盛、精力充沛的时候，从事最重要、最紧张的学习活动，以便最有效地利用学习时间。首先，要根据自己的生物钟安排学习活动。其次，要根据一周内学习效率的变化安排学习活动，一周之中，由于长期的双休制，也形成了智力周期。星期一和星期五临近休息日，智力机能有下降趋势。最后，要根据一天内学习效率的变化来安排学习活动。此外，要根据自己的工作曲线安排学习活动。总之，每个人要根据自己的模式，安排学习内容，确保在状态最佳时学习最重要的内容。

(3)灵活利用零碎时间

零碎时间大多是学习的低效时间，如课余、饭前饭后、等人等车、乘车乘船，等等。这些时间也可以加以灵活利用。可以利用零碎时间处理学习上的杂事，读短篇或看报刊杂志等。此外，在轻松的气氛里与人交流，也有助于创造性思维的激发。

2. 环境管理策略

环境管理策略指很好地安排自己的学习环境以提高学习效率的策略。

依据人在知觉时是否受环境信息的影响可以将认知方式分为场依存型和场独立型。具有场独立认知方式的人，对客观事物作判断时，常常利用自己的内部为参照，不易受外来的因素影响和干扰；具有场依存认知方式的人，对物体的知觉倾向于以外部参照作为信息加工的依据，难以摆脱环境因素的影响。他们的态度和自我知觉更易受周围的人们，特别是权威人士的影响和干扰，善于察言观色，注意并记忆言语信息中的社会内容。所以场独立型的人可以在闹市学习，而场依存型的人只能在安静的环境下学习。

场独立型、场依存性与学生的学习有着密切的关系。研究表明，场独立型学生一般偏爱自然科学、数学，且成绩较好，两者显著相关。他们的学习动机往往以内在动机为主。场依存型学生一般较偏爱社会科学，他们的学习更多地依赖外在的反馈，他们对人比对物更感兴趣。场独立性者善于运用分析的、知觉方式，而场依存性者则偏爱非分析的、笼统的或整体的知觉方式，他们难以从复杂的情境中区分事物的若干要素或组成部分。

另外，场独立型与场依存型学生对教学方法也有不同偏好。场独立型学生易于给无结构的材料提供结构，比较易于适应结构不严密的教学方法。反之，场依存型学生喜欢有严密结构的教学，因为他们需要教师提供外来结构，需要教师的明确指导与讲解，教师应因材施教、扬长避短。

互动空间

同学们，你认为自己的认知方式属于场依存型还是场独立型呢？

3. 努力管理策略

努力管理策略是指学习者将学习成果归因于努力，通过调整心境、自我谈话、坚持不懈、自我强化等方式，激发学习积极性的策略。这一策略目的是使学习者能够更有效地将精力用于学习上。具体来讲，主要包括情绪管理、动机控制及自我强化等策略。

系统性的学习大都是需要意志努力的。为了使学生维持自己的意志努力，需要不断的鼓励学生进行自我激励。如激发内在动机、树立为了掌握而学习的信念、自我奖励等。

4. 学业求助策略

学业求助策略就是指学习者在学习中遇到困难时，向他人请求帮助的行为。它是一种社会支持管理策略。

学业求助策略可以细分为两方面：一是对工具的求助，二是对人的求助。

(1)工具利用策略

学习工具是学习中所必不可少的学习资源，学会有效利用学习工具对一生来说都是非常重要的。具体包括参考资料、工具书、图书馆、广播电视、电脑网络等。

(2)社会性人力资源的利用策略

学习总是需要与人交流，老师和同学是学习的最重要的社会性人力资源，必须要善加利用。小组合作学习是激发学习动机、提高学习效率、培养合作意识、促进生生互动、师生互动的重要学习形式之一。

相关链接

小组合作学习

1. 概念

小组合作学习是世界上许多国家普遍采用的一种富有创意的教学方略，被誉为近十几年最重要和最成功的教学改革。综合来看，小组合作学习就是以合作学习小组为基本形式，系统利用教学中动态因素之间的互动，促进学生的学习，以团体的成绩为评价标准，共同达成教学目标的教学活动。小组合作学习是在班级授课制背景下的一种教学方式，即在承认课堂教学为基本教学组织形式的前提下，教师以学生学习小组为重要的推动力，通过指导小组成员展开合作，发挥群体的积极功能，提高个体的学习动力和能力，达到完成特定的教学任务的目的。它改变了教师垄断整体课堂的信息源而学生处于被动地位的局面，从而激发学生的主动性、创造性。

2. 实施“小组合作学习”的教学过程

我们把全班学生按“组内异质、组间同质”的原则，根据性别比例、兴趣倾向、学习水准、交往技能、守纪情况等合理分配，分成学习小组，每组6人，按长方形围坐，便于启发引导，学生面对面地进行小组讨论。小组人员会根据每个人的特长不同进行不同的分工。善于组织活动的学生为组长；善于记录的学生为记录员；善于表达的学生为中心发言人。为了让每一名学生都得到锻炼，需定期轮换主发言人，每人都有发言的机会，在主发言人表达之后，如有遗漏，中心发言人可以补充。

3. 小组合作学习中教师的角色定位

教师是全班小组合作学习的组织者和掌控者，是组内研讨的参与者，是小组研讨的引导者。

4. 特点

(1)有利于培养学生的社会适应性。

(2)有利于培养学生的合作精神。

(3)有利于培养学生的自主性和独立性。

(4)为学生提供了更多的锻炼机会，促进了学生的全面发展。

(5)有利于提高学生学习的效率。

拓展阅读

学会求知

这种学习更多是为了掌握认识的手段，而不是获得经过分类的系统化知识。既可将其视为一种人生手段，也可将其视为一种人生目的。作为手段，它应使每个人学会了解他周围的世界，至少是使他能够有尊严地生活，能够发展自己的专业能力并进行交往。作为目的，其基础是乐于理解、认识和发现。即便那种没有直接目的去学习的情况越来越少，但由于学习有用的知识在现实生活中变得很重要，学制越来越长、空闲时间越来越多，因此将使越来越多的成人能够去感受知识和个人自学带来的乐趣。扩大知识可以使每个人更好地从各个角度来了解他所处的环境，有助于其唤起对知识的好奇心，激发批判精神，并有助于他在独立思考的基础上去辨别是非。从这种观点出发，让我们再次强调，无论每个儿童在哪里，他都能够以恰当的方式学习科学而且终身成为“科学之友”。在中等和高等教育中，入门培训应向所有大学生、中学生介绍科学进步和当代思想模式所提供的各种手段、概念和参照方法。

然而，由于知识涉及方方面面，并且始终都在不断地发展变化，在基础教育之后仍保持所有学科的教学也不切合实际。不过，专业化学习，哪怕是未来的研究人员的专业化学习也不应排斥对普通文化知识的学习。“今天，一个真正受到全面培养的人需要有广泛的普通文化知识并有机会深入地学习研究少量的学科。在整个教育过程中，应该促进这两个方面同时发展”。因为普通文化教育使受教育者能接触其他语言和知识，这就有助于交往。专家封闭在自己的学科中，可能对他人的所为不感兴趣。不管在什么情况下，他都会感到难以与人合作。文化教育作为超越时间和空间将各个社会联系起来的纽带，势必会使受教育者了解其他领域的知识，从而有助于充分发挥各学科之间的协同作用。特别是在研究方面，某些知识的重大进展就是在各学科的交叉领域中产生的。

一方面，为了解知识而学习，首先要学会运用注意力、记忆力和思维能力来学习。特别是在电视图像占主导地位的社会里，青年从小就应开始学习将注意力集中在人和事上。传播媒体的新闻报道从一项内容到另一项内容变换很快，观看电视节目时以转换频道方式跳过广告节目的情况十分常见，但其实这些都不利于发现过程，因为这一过程需要时间，需要加深理解。学习集中注意力可以采取各种不同的形式，也可利用生活中的种种机会(游戏，到企业中去实习，旅游，科学实验课……)。

另一方面，记忆力的训练是避免完全受传播媒体传播的即时信息影响的一种必要的方法。如果认为我们如今已经拥有巨大的信息贮存和传播能力，记忆力就不再有用了，那将是很危险的。当然，对于应“记牢”的东西我们肯定要有所选择，人的联想记忆能力并不是自动发挥作用的，应认真地加以培养。所有专家都认为，应该从幼年开始就训练记忆力，而且在学校中取消一些被看作使人厌倦的传统训练是不当的。

最后，是思维能力的训练，它是儿童首先在父母然后在其老师的引导下开始进行的训练，它包括从具体到抽象然后再由抽象到具体的反反复复的思维过程。因此，在教学和研究中，应该把演绎法和归纳法两种往往被视为对立的方法结合起来。根据所教学科的不同，其中一种方法可能会比另一种更有针对性，但是在大多数情况下，思想的连贯需要两者相结合。

学习知识的过程永无止境，并可通过各种经历得到进一步的充实。从这个意义上说，随着工作性质和内容一成不变的情况日益减少，学习过程与工作经历的结合就越来越紧密。如果最初的教育提供了有助于终身继续在工作之中和工作之外学习的动力和基础，那么就可以认为这种教育是成功的。

资料来源：联合国教科文组织：《教育：财富蕴藏其中》，北京，教育科学出版社，2014。

任务二　吃苦抗压

任务导入

舜发于畎亩之中，傅说举于版筑之间，胶鬲举于鱼盐之中，管夷吾举于士，孙叔敖举于海，百里奚举于市。故天将降大任于是人也，必先苦其心志，劳其筋骨，饿其体肤，空乏其身，行拂乱其所为，所以动心忍性，曾益其所不能。人恒过，然后能改，困于心衡于虑而后作，征于色发于声而后喻。入则无法家拂士，出则无敌国外患者，国恒亡，然后知生于忧患而死于安乐也。

——《孟子·告子下》

启示

你学过这段名句吗？它传达了什么样的价值观呢？

21世纪，吃苦精神与抗压能力仍然是我们需要具备的核心品质。职业教育要培养学生吃苦耐劳的精神，进而使得学生可以更好地掌握专业知识与技能，同时提升学生的抗压能力，为以后的职业生涯做准备。

一、吃苦精神

（一）真正的吃苦是什么

吃苦的本质是长时间专注于某一件事情，研究它的发展，在长时间专注的过程中，放弃娱乐生活、无效社交、无意义的物质消费，忍受不被理解的孤独。吃苦本质是一种禁欲能力、自控能力、坚持能力和深度思考能力。

学习是苦的，创业是苦的，生活是苦的，几乎每个人都吃过苦头，但不是每个人都能成功。因为有些苦是不必吃的，有些苦是必须吃的，吃不同的苦，会获得不同的结果。“苦”不是看你做了多少事，流了多少汗，而是看你吃的苦有什么价值。真正的吃苦是看你有没有把自己的资源用在正确的地方，每个人都有一块田，这块田可以是我们的生命、时间、精力、天赋、志趣、注意力——也是我们最根本的资源。经营资源如同经营企业，你要把所有的资源高效用在最有价值的事情上才行，也就是说，但有所为，皆有结果。这就是人生的耕耘之道了。

互动空间

西汉时期，有一名丞相叫匡衡，匡衡小时候家境贫苦，上不起学，但是他特别渴望读书求知，每天帮父母干完活都会去私塾门口听先生讲课。匡衡勤奋好学，但家中没有蜡烛照明。邻家有灯烛，但光亮照不到他家，匡衡就把墙壁凿了一个洞引来邻家的光亮，让光亮照在书上来读书。同乡有个大户人家很有钱，家中有很多书。匡衡就到他家去做雇工，又不要报酬。主人感到很奇怪，问他为什么这样，他说："主人，我想读遍你家所有的书。"主人听了，深为感叹，就把书借给他读。最后匡衡成了大学问家。

听了匡衡凿壁偷光的故事，大家有什么启发呢？匡衡有什么品质值得大家学习呢？

（二）吃苦耐劳的职业精神

吃苦耐劳是中华民族的传统美德，也是年轻人就应具备的优良品质之一。从现实生活中来看，在单位里受到领导重视、得到同事尊重、在事业上有大发展的，莫不是那些在工作中吃苦耐劳、踏踏实实、兢兢业业的实干苦干者。

很多用人单位在招录新人时并不只招聘有高学历的人，更需要那些在工作上能吃苦，肯于从小事做起的真正的优秀人才。这些年，吃苦耐劳精神对一些年轻人来说越来越陌生了，这从他们的择业观上便能得知。很多年轻人愿意留在大城市工作，喜欢找讲究舒适度的单位，愿到办公室工作，根本不希望进工厂、去一线、到基层或者去农村创业。

就算是"委屈"自己先就了业，许多年轻人也是身在曹营心在汉，这山望着那山高，难以安下心来踏实工作。结果一段时间过去了，大事干不来，小事做不好；单位换了很多，水平和能力没长多少。凡此种种，都是心浮气躁、缺乏吃苦耐劳精神所导致的。其实每一个岗位都能锻炼人，而且越最基层的地方，接触的事情越多，获得的经验越丰富，潜能被激发的越充分，才智和能力也提高得越快。很多成功人士在谈及自己的成长经历时都认为，是基层的艰苦环境磨砺了自己。

二、抗压能力

（一）心理压力概述

心理压力指外界环境的变化和机体内部状态所造成的人的生理变化和情绪波动。导致心理压力的因素很多，而且来源、性质不尽相同。可能是来自社会的，也可能是来自家庭的；可能是愉快的，也可能是不愉快的；可能是有益的，也可能是有害的。不管怎样，人面对压力总要采取某种手段去适应它。愉快的、有利的心理压力，一般来说对人的健康不会造成危害；短暂的心理压力对人的身心健康也危害甚小，但长期的心理压力会使人在生理上产生过度的反应。如果不愉快的、有害的心理压力不能得到正确克服，往往会导致种种疾病。心理压力与人的工作效率关系密切，适当的心理压力可以提高人的工作效率，但过大会使人的工作效率大大降低。

（二）心理压力来源

心理压力来源又称压力源，是指引起压力反应的因素，是作用于个体、使个体产生压力反应的各种刺激。简言之，凡能引起心理压力反应的各种内外环境刺激均可以被视为压力源。

日常生活中的压力源是多种多样的，一般会将压力源划分为生理的、心理的、社会的、文化的和时间的五大类。

1. 生理压力源

生理压力源是指直接作用于躯体的理化与生物刺激，直接阻碍和破坏个体生存与种族延续的事件。自然环境中的突发灾害，如地震、洪水、风暴、高原缺氧、沙漠高温、干旱缺水等；生物环境中的异常变化，如高温、低温、辐射、噪音、干燥、外伤、疾病、药物、强酸、毒品及病原微生物、寄生虫等；同时躯体创伤、疾病、饥饿、性剥夺、睡眠剥夺等均属生理压力源。

2. 心理压力源

心理压力源是指直接阻碍和破坏个体正常精神需求的内在和外在事件，包括错误的认知结构，个体的不良经验、道德冲突以及长期生活经历造成的不良个性心理特点(易受暗示、多疑、嫉妒、处责、悔恨、怨恨等)，或是生活、训练、学习、人际关系失调导致的心理冲突和挫折情境等。心理冲突和挫折是最重要的两种心理压力源。一个人从上学到工作、从提拔到退休，历经角色转换、角色适应、目标确立到实现目标，始终存在个人目标实现与组织对高素质人才需求的矛盾。而不符合客观现实与规律的认识与评价是产生心理压力的主要原因。

3. 社会压力源

社会压力源是指直接阻碍和破坏个体社会需求的事件，包括纯社会性的(重大社会变革、重要人际关系破裂等)和由自身状况造成的人际适应问题(如社会交往不良)。参加重大活动，以及升职、婚姻、恋爱、亲人患病或死亡、夫妻分居、子女教育等生活事件，都可归入社会性压力源。除了重大的生活事件对人产生影响外，一些琐碎、烦恼的小事日积月累，同样也会对人产生影响。如不断被挑剔、被忽视，工作不熟练、发生小事故、忘记某事、被迫应酬、受窘、塞车、恶劣天气、被误解、迟到、被打扰等。

普通的人际关系也会造成心理压力。只要是两个或两个以上的人组成关系，关系中的人就不可避免地感到压力，只不过这种压力有明显和不明显之分。人际关系的压力主要来自这样几个方面：相互竞争，希望自己比别人表现优异；控制他人却不愿被他人控制；力图使自己的言行符合他人的标准；想取悦别人以便达到某种目的等。社会压力程度较轻时人们的状态都很正常，但是在程度较重时，甚至让人感觉到不快的时候，就要考虑做出一些改变了。

4. 文化压力源

文化压力源是指语言、风俗习惯、生活方式、宗教信仰等社会文化环境的改变所引起压力的刺激或情境。如青年应征入伍，远离家乡和亲人，居住多民族地区面对语言文化背景环境的改变，从学习基本文化知识到学习高精尖专业技能的“文化迁移”等。

5. 时间压力源

时间压力描述了一种个体对拥有的时间感到不足甚至匮乏的主观感知现象。时间压力是现代社会中人们经常面对的重要问题。随着社会竞争的日趋加剧与生活节奏的日益加快，越来越多的人发出了“时间都去哪儿了”的疑问。一项德国的样本为35000人的时间使用调查数据发现，47.3%的个体处于时间匮乏的处境当中；中国社会科学院发布的《2011年度中国家庭幸福感调查报告》指出，52%的人认为过高的时间压力是导致自己不幸福的重要原因。可以看出，在当今快节奏社会下，时间压力问题广泛存在于人们的生活之中，并对人们的工作和生活产生了重要的影响。

（三）心理压力分类

压力的种类通常可分为正性压力、中性压力和负性压力(急性压力和慢性压力)。正性压力是有益的压力，产生于个体被激发和鼓舞的情境中，当压力持续增加，正性压力会逐渐转化为负性压力，绩效或健康状况随之下降，患病的几率增加。中性压力是一些不会引发后续效应的感官刺激，它们无所谓好坏。

心理学家耶基斯和多德森通过大量研究发现，压力水平与工作绩效和身心健康水平间呈“倒U”形相关(见下图)。即当压力水平适中时，人的工作绩效和健康状况是最佳的：此时，与压力有关的荷尔蒙可以帮助我们提高身体的效能和信息处理能力。而当压力低于或高于这个适中水平时，人体各方面的机能就会开始下降，工作绩效降低，患病几率也会增加。

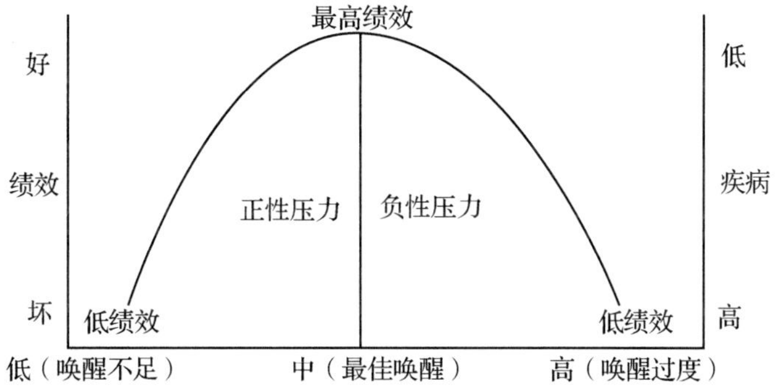

压力水平与工作绩效和身心健康之间的关系

（四）调节心理压力的方法——心理训练

心理训练已逐步在调节心理压力的过程中发挥了积极作用，其对提高干预对象的心理素质、应对能力甚至工作能力等方面都将产生积极的影响。

1. 心理适应能力训练

心理适应能力是个体对外界环境及其变化做出适应性反应的一种心理能力。适应能力强者，无论遇到多么艰难困苦、复杂多变的环境，都能临危不惧、处变不惊，并始终保持稳定、冷静、积极的态度；而适应能力弱者，则往往表现出过分的紧张、惊恐和被动应付。心理适应能力不是固有的，而是在教育、训练与管理实践活动中逐渐形成的。只有通过自觉、严格的心理训练，才能最终形成抵抗各种压力刺激的心理素质。

心理学研究表明，人脑对刺激物的适应程度是随着人的实践活动变化的。对于一些经常执行各种高危任务的群体来说，就是要紧密结合任务的特点，有目的、有针对性地进行各种复杂情况下心理适应性训练，使其熟悉和习惯于复杂任务条件下可能出现的各种刺激因素，掌握当各种刺激物侵袭时克服和减轻心理负荷的方法，保持心理平衡，为赢得任务胜利奠定良好的心理基础。提高个体心理适应能力的训练可以通过多种方法、途径来进行。如通过学习有关压力应对的知识，使人们掌握自我调控的技巧；通过场景的模拟，使人们建立起与所执行工作任务相一致的新的心理活动方式。

2. 心理承受能力训练

心理承受力是指个体承受外界强烈刺激的心理能力。当一个人的心理负荷超出一定限度，就会出现心理疲劳，诱发心理障碍，甚至造成心理创伤。心理学研究表明，个体经过心理训练之后，面对外界的强烈刺激，往往能够比较自觉地调节心理紧张程度，使其保持适度的紧张状态，提高心理活动能力，从而使心理承受力不断增强。因此，在平时的训练活动中应当充分利用这种机制，采取科学方法，模拟压力或应激环境可能出现的情况，对个体的心理活动进行“冲击”，以提高他们的心理“抗震”能力、负重能力，从而扩大其心理容量。

心理承受能力训练，不只是被动的适应性训练，而是建立在人们对压力特点充分认识、理解基础上的主动性训练。人们只有学习掌握有关压力及其应对的必要知识，才能在应激过程的准备中准确判断危险的程度，并对其采取恰当的措施。事实证明，当较为熟悉的情况在压力事件中出现时，因为有心理准备或知道如何应付，个体就会表现出较强的心理承受力；相反，当不了解和不熟悉的情况在压力事件中出现时，因为没有心理准备且不知道如何应付，个体就容易产生慌乱情绪。因此，提高个体的心理承受力，必须加强对压力及其应对知识的学习，并利用这知识来实施训练。

3. 自我意识训练

自我意识是对自己身心活动的觉察，即自己对自己的认识，具体包括认识自己的生理状况(如身高、体重、体态等)，心理特征(如兴趣、能力、气质、性格等)以及自己与他人的关系(如自己与周围人关系，自己在集体中的位置与作用等)。总之，自我意识就是自己对于自己身心状况的认识。由于个体能洞察自己的一切，因而能对自己的行为进行调节和控制。自我意识的成熟被认为是个性基本形成的标志，它在人的社会化过程中具有相当重要的地位。自我意识是个体社会化的结果，同时，自我意识的形成和发展又进一步推动个体的社会化。

由于自我意识在人发展过程中是循序渐进的，是在自我认识、自我体验和自我监控三种心理成分相互影响、相互制约的过程中发展的。所以，心理自我意识训练在自我意识发展规律的基础上，结合日常生活、学习和劳动，采取灵活多样的方式，促进我们认识自我、评价自我、体验自我和调整自我，促使我们的自我意识健康发展。

(1)自我认识

自我认识在自我意识系统中具有基础地位，属于自我意识中“知”的范畴，其内容广泛，涉及自身的方方面面。自我认识训练的重点应放在三个方面：第一，学会认识自己的身体特征和生理状况。第二，认识自己在集体和社会中的地位及作用。第三，认识内心的心理活动及其特征。

自我评价是自我认识中的核心部分，是自我意识发展的主要标志，是在认识自己的行为和活动的基础上产生的，是通过社会比较而实现的。由于我们自我评价能力不强，往往不是过高就是过低，大多属于过高型。因此，要提高我们的自我评价能力，就应学会与同伴进行比较，通过比较作出评价；还应学会借助别人的评价来评价自己，学会用一分为二的观点评价自己。由于自我评价是自我认识中的核心，它直接制约着自我体验和自我调控，所以，对我们进行自我意识训练的核心应放在自我评价能力的提高上。

(2)自我体验

自我体验是主体对自身的认识而引发的内心情感体验，是主观的我对客观的我所持有的一种态度，如自信、自卑、自尊、自满、内疚、羞耻等都是自我体验。自我体验往往与自我认知、自我评价有关，也和自己对社会的规范、价值标准的认识有关，良好的自我体验有助于自我监控的发展。进行自我体验训练，就是要增强个体的自尊感、自信感和自豪感，不自卑、不自傲、不自满，使人们随着年龄增长懂得做错事的内疚感，做坏事的羞耻感。

(3)自我监控

自我监控是自己对自身行为与思想言语的控制，具体表现为两个方面：一是发动作用，二是制止作用，也就是支配某一行为，并抑制与该行为无关或有碍于该行为进行的行为。进行自我认知、自我体验的训练目的是进行自我监控，调节自己的行为，使行为符合群体规范，符合社会道德要求，通过自我监控调节自己的认识活动，提高学习、工作效率。

为提高我们的自我监控能力，我们应将重点放在促进某个转变上，即由外控制向内控制转变。如果自我约束能力差，常常会在外界压力和要求下被动地从事实践活动，比如只有教师要求做完作业后检查，你才会进行检查。针对这种现象，通过自我意识训练可帮助个体学会如何借助外部压力，发展自我监控能力。

相关链接

生活中的减压小妙招

1. 享受音乐声的放松。平常喜欢听歌或者唱歌的小伙伴，可以借助音乐来减压，音乐能够使人处于心神宁静的状态，尤其是轻音乐、钢琴曲、伴奏，人往往处于这些音乐声中，会感觉非常放松、舒适，平常休息或者睡觉的时候，听听音乐，让音乐声伴随着入眠也是挺不错的，注意高音贝的音乐反而会消耗人的精力。

2. 借助身体的运动来减压。人处于高压状态，人的精神几乎是崩溃的，生理上也感觉特别不舒服，通过运动，可以选择简单的放松放松肩膀、抬抬腿的方式，也可以加入到打球、跑步、游泳等耗能的运动方式，运动时能让身体处于释放能量的过程，会排泄压力，对睡眠也有很大的帮助。

3. 情感倾诉。有压力，心里比较郁闷，找个人来倾诉倾诉是非常好的一种方式，找些朋友，谈谈最近的状况，把情感垃圾倒出来，不仅有助于减压，而且能联系朋友增进感情，当然也可以转化成文字，写下来也是一种释放压力的方式，也可以找些专业的心理专家来倾诉，都是可以尝试的方法。

4. 转移注意力。当你充满烦恼或者感觉压力特别大的时候，那就叫上几个朋友去大吃一顿或者去商场疯狂购物，让自己处于高兴愉快的状态，吃东西是一件享受的事情，猛吃会特别满足，很有食欲感，而买东西会很有收获感，买完后看到大堆商品会很有成就感。

5. 保持专注。产生压力都是因为某件事情，那就从这件事情入手，碰到难题的困扰，那就一门心思攻克难关，让自己专注解决这件事情。如果还是烦恼，就让自己安静地闭上眼停止思考几分钟，再继续攻克难题，并保持不服输的心态，坚信一定会解决问题。等到问题解决时，也就是可以放松的时候。

拓展阅读

苦难的精神价值

周国平

维克多·弗兰克是意义治疗法的创立者，他的理论已成为弗洛伊德、阿德勒之后、维也纳精神治疗法的第三学派。第二次世界大战期间，他曾被关进奥斯维辛集中营，受尽非人的折磨，九死一生，侥幸活了下来。在《活出意义来》这本小书中，他回顾了当时的经历。作为一名心理学家，他并非像一般受难者那样急于控诉纳粹的暴行，而是仍能细致地捕捉和分析自己的内心体验以及其他受难者的心理活动。《活出意义来》的许多章节读着饶有趣味，为研究受难心理学提供了极为生动的材料。不过，我在这里想着重谈的是这本书的另一个精彩之处，便是对苦难的哲学思考。

对意义的寻求是人的最基本的需要。当这种需要找不到明确的指向时，人就会感到精神空虚，弗兰克称之为“存在的空虚”。这种情形普遍地存在于当今西方的“富裕社会”。当这种需要有明确的指向却不可能实现时，人就会有受挫之感，弗兰克称之为“存在的挫折”。这种情形发生在人生的各种逆境或困境之中。

寻求生命的意义有各种途径，归结起来无非就是：其一创造，以实现内在的精神能力和生命的价值；其二体验，借爱情、友谊、沉思、对大自然和艺术的欣赏等美好经历获得心灵的愉悦。那么，倘若一个人落入了某种不幸的境遇，基本上失去了积极创造和正面体验的可能，他的生命是否还有意义呢？在这种情况下，人们一般是靠希望活着的，即相信或至少说服自己相信厄运终将过去，然后又能过一种有意义的生活。然而，第一，人生中会有一种可以称作绝境的境遇，所遭遇的苦难是致命的，或者是永久性的，人不复有未来，不复有希望。这正是弗兰克曾经陷入的境遇，因为对于奥斯维辛集中营的战俘来说，被带到煤气室和焚尸炉几乎是不可逃脱的结局。我们还可以以绝症患者作为日常生活中的相关例子。如果苦难本身毫无价值，则一旦陷入此种境遇，我们就只好承认生活没有任何意义了。第二，不论苦难是否是暂时的，如果把眼前的苦难生活仅仅当作一种虚幻不实的生活，就会如弗兰克所说忽略了苦难本身提供的机会。他以狱中的亲历指出，这种态度是使大多数俘虏丧失生命力的重要原因，他们正因此而放弃了内在的精神自由和真实自我，意志消沉，一蹶不振，彻底成为苦难环境的牺牲品。

所以，在创造和体验之外，有必要为生命意义的寻求指出第三种途径，即肯定苦难本身在人生中的意义。一切宗教都很重视苦难的价值，但认为这种价值仅在于引人出世，通过受苦，人得以救赎原罪、进入天国(基督教)，或看破红尘，遁入空门(佛教)。与它们不同，弗兰克的思路遵循古希腊以来的人文主义传统，他是站在肯定人生的立场上来发现苦难的意义的。他指出，即使处在最恶劣的情况下，人仍然拥有一种不可剥夺的精神自由，即可以选择承受苦难的方式。一个人不放弃他的这种“最后的内在自由”，以不屈服的方式承受苦难，这种方式本身就是“一项实实在在的内在成就"，因为它显示的不只是一种个人品质，而且是整个人性的高贵和尊严，它证明了这种尊严比任何苦难更有力，世间任何力量都不能将它剥夺。正是由于这个原因，在人类历史上，伟大的受难者如同伟大的创造者一样受到世世代代的敬仰。也正是在这个意义上，陀思妥耶夫斯基说出了一句耐人寻味的话：“我只担心一件事，就是怕我配不上我所受的苦难。”

我无意颂扬苦难。如果允许选择，我宁要平安的生活，得以自由自在地创造和享受。但是，我赞同弗兰克的见解，相信苦难的确是人生中必然会经历的内容，一旦遭遇，它也的确提供了一种机会。人性的某些特质，唯有借此机会才能获得提高。一个人通过承受苦难而获得的精神价值是一笔特殊的财富，由于它来之不易，绝不应轻易丢弃。而且我相信，当人们带着这笔财富继续生活时，其创造和体验都会有一种更加丰富的底蕴。

资料来源：周国平：《苦难的精神价值》，载《文苑(经典美文)》，2013(8)。

任务三　敢于创新

任务导入

测量容积

托马斯·爱迪生在发明白炽电灯前的一天，他在实验室里想知道灯泡的容积大小，于是便请助手去测量。可过了许久，他见助手还没有把数据送来，于是他来到了助手的实验室。

走进门，爱迪生看见助手正在桌旁不停地演算着，于是便上前问他在干什么。助手回答道："我刚才已经测量了灯泡不同部分的周长，现在正在用数学公式进行计算，马上就可以知道答案了。"

爱迪生哭笑不得："难道你就不知道先把灯泡里灌满水，然后利用水的体积再去测量灯泡的容积吗？"

启示

同样是测量灯泡的容积，爱迪生的方法要简单得多，不论是生活还是工作，克服惯性思维，敢于创新，总是能给我们带来不一样的惊喜。

资料来源：缪晨：《300 个创新小故事》，上海，学林出版社，2007。

如果你想改变工作方式，你就要改变思考方式；如果你想改变思考方式，你就要学习创新。21 世纪是一个以创新为特征的、充满竞争的世纪，是一个用智慧创造财富、实现个人价值的世纪。

一、创新

（一）创新的概念

创新是指人类为了满足自身的需要，不断拓展对客观世界及其自身的认知与行为，从而产生有价值的新思想、新举措、新事物的实践活动。具体来说，创新是指人们为了达到一定目的，遵循事物发展的规律，调动已知信息、已有知识，开动想象力，对事物的整体或其中的某些部分进行变革，从而产生出某种新颖、独特、有社会价值的新概念、新设想、新理论、新技术、新工艺、新产品等新成果的智力活动过程。

(二)创新的要素

(1)创新的目的是满足需要。需要包括两层含义，一是指个人需要(如衣、食、住、行等)；二是指团体或社会需要(如企业技术改造、构建和谐社会等)。

(2)创新的主体是人类。这里人类包含两层含义，一是指个人(如自然人的发明创造)；二是团体或组织(如国家创新体系的建立)。

(3)创新的客体是客观世界。包括自然界、人类社会以及人类自身的思维规律。

(4)创新的过程是不断拓展和改变对客观世界(包括人类)认知与行为的动态活动本身。

(5)创新的核心是创新思维。就是指人类大脑不断向有益于人类的方向动态化的思考改变的过程。

(6)创新的关键是突破，包括量的突破和质的突破。创新不一定创造出绝对全新的东西，一些旧东西融合新的元素，配以新的形式，也可以叫做创新。只要它满足了人们进步的某些要求即可。

(7)创新的结果有两种，其一是物质的，如新产品的产生；其二是非物质的，如新思想、新观念的产生。

(三)创新的特征

1. 目的性

任何创新活动都有一定的目的，这个特性贯穿于创新过程的始终。人类的创新活动是一种有特定目的的生产实践，比如，科学家进行纳米材料的研究，目的在于发现纳米世界的奥秘，提高认识纳米材料性能的能力，促进材料工业的发展，提高人类改造自然的能力。

2. 价值性

价值是客体满足主体需要的属性，是主体根据自身需要对客体所做的评价。创新的目的性使创新活动必然有自己的价值取向。创新活动的成果满足主体需要的程度越大，价值越大。一般来说，社会价值越大的创新成果，越有利于社会的进步。相反，没有社会价值的创新，无益于社会进步，也就没有任何社会价值。

3. 超前性

创新是对已有事物的改革和革新，是一种深刻的变革。创新以求新为灵魂，具有超前性。这种超前是从实际出发、实事求是的超前。

4. 新颖性

创新不是模仿、再造。因此，新颖性是创新的首要特征。创新是对现有的不合理事物的扬弃，是革除过时的内容，确立新事物的过程。新颖性就是“前所未有”，一是指科技发展史上的原创性成果，世界范围内前所未有，是高水平的创新；二是还包括创新主体能产生出相对主体自身来说前所未有的新思想、新成果。前者我们叫它绝对新颖性，后者我们叫它相对新颖性。对于现实的个人，只要他产生的设想和成果是自己独立思考或研究后的成果，就算是相对新颖的创新。

正如美国著名哲学家、教育学家杜威所说：“一个三岁的儿童发现他能用积木做什么事情，或者一个六岁的儿童发现他能够通过把两个五分钱加起来获得成果，即使世界上人人都知道这种事情，他也是一个发明家。”

(四)创新思维的培养

1. 思维定式

思维是一种复杂的心理现象，是大脑的一种能力。人的大脑一旦沿着一定方向、按照一定顺序思考，久而久之，就形成一种惯性。也就是说，当你这次这样解决了一个问题，下次遇到类似的问题，还是会不由自主地沿着上次思考的方向或顺序去思考，这种情况就是思维惯性。如果对于自己长期从事的事情或日常生活中经常发生的事物产生了思维惯性，多次以这种惯性思维对待客观事物，就会形成非常固定的思维模式，这就是思维定式。

在环境不变的条件下，思维定式使人能够应用已掌握的方法迅速解决问题。而在情境发生变化时，它则会妨碍人们采用新的方法。一般地，思维定式对常规思维是有利的，它使思考者在处理同样问题的时候少走弯路。我们遇到的问题绝大多数是靠思维定式帮助解决的。

生物学家贝尔纳曾说过：“妨碍人们创新的最大障碍，并不是未知的东西，而是已知的东西。”当我们面临新的、突发性的新情况的时候，如果一味地遵守约定俗成的规则，规则就会变成“思维枷锁”，阻碍新观念、新方法的产生，成为创造性解决问题的障碍，同时也阻碍头脑对新知识的吸收。要想挖掘无穷的创新能力，必须跳出思维定式的框架，开阔视野及思路。

2. 创新思维训练

创新思维训练是培养学生的创新性时用得最多的方法，也是一项最重要的内容。主要包括思维的流畅性、变通性、独特性和辩证性训练等。较有代表性的训练方法如下。

(1)头脑风暴法又叫智力激励法，由奥斯本于 1945 年提出，它往往是以多人集体讨论或一组人员运用开会的方式进行，鼓励参加者尽可能多、尽可能快地提出各种各样的、异想天开的设想或观点，相互启迪，激发灵感，从而引起创新思维的连锁反应，形成解决问题的新思路。

(2)直觉思维训练与头脑体操法。直觉思维也是创新思维的一种，是一种跳跃式的思维，不经过明显的中间推理过程，就能得出结论。“头脑体操”是一种训练直觉思维的有效方法。头脑体操，即当问题出来，马上凭直觉给出一个正确答案。此时，问题解决者也可能是“知其然而不知其所以然”的。

连线职场

有一个公司，有四个车间，公司通过很多方法提高劳动生产率。提高到一定程度，再提高就非常难了。怎么继续提高劳动生产率呢？有个人出了个主意：分析这四个车间的员工的构成。随后发现第一个车间都是男孩，那就加几个女孩进去，效率果然提高了。这就是我们经常说的“男女搭配，干活不累”。第二个车间都是一些青年人，加了几个中老年进去，中老年人老成持重，效率提高了。第三个车间都是中老年人，加了几个年轻人进去，年轻人有活力，效率提高了。第四个车间，老的少的，男的女的，都有，怎么提高效率呢？他们分析就发现，这个车间都是本地人，那就加几个外地人进去，都拼命地干活，效率提高。变换一下人员组成结构，就提高了劳动生产率，这就是创新。创新到处有，创新就在我们身边。

（五）创新型人才的能力和品质

1. 创新型人才的智商与情商

创新能力与人的智商和情商直接相关，它是创造者的智力技能、动作技能和情感能力的综合体现。

情商的概念由美国心理学家彼德·萨洛维于1991年提出，情绪智力是人认识、了解、控制情绪的能力或者自我情绪控制的能力。美国心理学家丹尼尔·戈尔曼在著作《情绪智力》中，将人的智力以外的其他因素统称为“情绪智力”，将情绪智力高低的指标称为“情商”（Emotional Quotient，EQ），情商高的人具有如下特征：

(1)能正确认识自己，成为自己生活的主宰。

(2)能自主管理自己的情绪，即能调控自己的情绪。

(3)能自我激励，能够使人走出生命中的低潮，重新出发。

(4)认知他人的情绪，能与他人正常交往，实现顺利沟通。

(5)善于管理人际关系，即有领导和管理能力。

情商高的人具有社交能力强、外向愉快，不易陷入恐惧或伤感、对事业专注、为人热诚、富有同情心、情感生活较丰富但不逾矩等特点，无论是独处还是与许多人在一起时，他们都能怡然自得。

人性的形成由人类的遗传因素起主要作用，是先天的；情商是人的性格的重要方面，而人的性格是后天养成的，家庭教育和成长环境对孩子性格的培养与训导往往起着决定性作用。一个人是否具有较高的情商与童年时期的教育培养和生活环境有着密切的关系，因此，情商培养应从小开始。大学阶段正处在性格定型期，大学生必须在学习知识、培养思维方式和劳动创造能力的过程中，使自己学会遵循自然规律、社会法规和道德约束，培养自信、尊敬和爱人的能力，在与人沟通交往的过程中，培养优秀的人格和德性，唯有这样，才能克服人性中任性、懒惰、贪婪、忌妒的缺点，养成高尚的品格。

智商（Intelligence Quotient，IQ）是由英国人查尔斯·斯皮尔曼在1904年出版的《智力的性质和认知的原理》中提出的概念。智商是人们认识客观事物并运用知识解决实际问题的能力。影响智力的因素有观察力、记忆力和想象力、创造力、分析判断能力、思维能力、应变能力、推理能力等。其中，最主要的是记忆力和抽象思维能力(空间想象力)。一般认为，一个人智力的高低受遗传基因一半以上的影响，同时还受营养和环境刺激等因素影响。一个人事业与生活的成功有 30%取决于机遇，有 70%取决于人的智商和情商。在这 70%中，20%由智商决定，50% 由情商主宰。其实，把握机遇的能力也是由智商和情商共同决定的。

爱因斯坦说过：“优秀的性格和钢铁般的意志比智慧和博学更为重要。”可见，智商与情商是成才不可缺少的重要因素。高智商是高创造力的必要条件，但不是充分条件，高智商的人也可能拥有低创造力。情商是成为创造性人才的重要条件，情商要从小开始培养。培养善待他人、严于律己、沟通合作的品质和能力是提高情商的重要途径，更是事业成功的基础。

互动空间

同学们，你们认为智商和情商，哪一个更重要呢？

2. 创新型人才的个性品质[①]

(1)追求科学的进取、奉献精神。

(2)科学、理性、自由的独立精神。

(3)热情、宽容的合作精神。

(4)坚持不懈的学习钻研精神。

相关链接

智力因素和非智力因素

智力因素通常是指人在认识方面的能力，主要包括记忆力、观察力、注意力、想象力、思维能力等，即认识能力的总和。它是人们在对事物的认识中表现出的心理特性，是人的认识活动的操作系统。

非智力因素是指智力因素以外的一切心理因素，它对人的认识过程起直接制约的作用，主要包括兴趣、情感、意志、性格、道德、思想和态度等方面，是人的认

① 黄晓煜、孙金铎：《科技创新简明教程：如何成为创新型人才》，沈阳，东北大学出版社，2017。

识活动的动力系统。

智力因素和非智力因素的关系

我们不但要了解什么是智力因素，什么是非智力因素，同时还要了解智力因素和非智力因素的关系，从而促使我们在家庭教育中，在开发孩子智力因素的同时，加强孩子非智力因素的培养。那么智力因素和非智力因素的关系是怎样的呢？

首先，智力因素是人的认识活动的操作系统，而非智力因素是人的认识活动的动力系统。孩子的学习活动是智力因素和非智力因素共同参与的活动，两者缺一不可。没有操作系统的学习任务没法完成，没有动力系统的学习活动难以发生，也难以持续下去。孩子的学习需要记忆、观察、注意、想象、思考等这些智力因素的参与，孩子的学习也需要有兴趣、态度等非智力因素的支撑。这样孩子的学习成绩才能稳定、持续提高。

其次，智力因素和非智力因素是在互相促进、相互制约中得到形成和发展的。一方面，智力因素促进非智力因素的发展，如一个人具有敏锐、精确的观察力，那么他就容易形成耐心、细致的性格；另一方面，非智力因素也影响着智力因素的发展，如一个人对学习具有浓厚兴趣、自信心、责任感，那么这就会支持他刻苦顽强地学习，他的智力也会在学习过程中得到发展。

最后，良好的非智力因素对智力的发展起着调节和推动的作用，使智力因素在认识活动中得以充分发挥作用；而不良的非智力因素对智力的发展起着干扰的或妨碍的消极作用，使智力因素在认识活动中无法正常发挥作用。

拓展阅读

十万个为什么(节选)

1. 为什么恒星会发光而行星不会发光

20 世纪初，科学家根据伟大的物理学家爱因斯坦的相对论推论出了一个质量和能量的关系式，帮助天文学家解决了恒星为什么会发光这一问题。原来，恒星内部的温度高达 1000 万摄氏度，物质处在这样高的温度下会发生热核反应，由较轻的原子核聚变成为较重的原子核，并在这个过程中损失一部分质量，同时释放出巨大的能量。于是，这些能量以辐射的方式由内传到外，从恒星表面发射至空间，使它们长期在宇宙中闪闪发光。

行星的内部温度远低于恒星，因此它们自己是不能释放出巨大的能量的，也就不会发光。同样，行星的质量也比恒星小得多。即使是太阳系质量最大的木星也还不到太阳质量的千分之一。因此，行星由引力收缩而得到的能量，不会使其内部温度高到发生热核反应的程度。

2. 为什么变色龙会变色

变色龙之所以有这么个奇怪的名字，是因为它的身体颜色经常变化。那么，它为什么会变色？什么时候会变色呢？

生物学家研究发现，如光线、温度、湿度发生变化，或者当变色龙受到惊吓时，它的皮肤内的色素细胞会发生迁移，从而引起颜色的变化。这是变色龙在自然环境中获得的一种特殊的本领。变色龙的表皮与真皮之间，分散着色素细胞，受神经与激素的控制，颜色深浅不同。由于各种色素细胞相互之间的作用，因而形成变色现象。例如黑色素细胞扩张，皮肤就会变得深暗，黑色素与金黄色素细胞同时收缩，皮肤就会显现出灰色或蓝灰色。而白色素细胞在不同强度的光线照射下，会变成灰褐色或蓝灰色。金黄色素细胞会使皮肤变成金黄色或绿色。红色素细胞的舒张与收缩，能调节红色的深浅与分布。

3. 雄企鹅为什么能打动雌企鹅的心

企鹅是南极的象征，登上南极大陆，首先看到的就是成群结队的企鹅。

企鹅基本实行“一夫一妻”制，曾有生物学家用 10 多年时间对近千只企鹅进行观察研究，发现 80% 以上的企鹅始终维持原配，甚至有一对企鹅共同生活达 11 年之久。

企鹅常用对歌的方式求偶，并且唱歌时，会伴随一些动作，一会儿相互扇动着翅膀，一会儿把扁平的长嘴向上翘起。生活在南极的阿德里企鹅，求偶方式更加独特。雄企鹅求爱前要挑选一些在冰天雪地的南极很难找到的卵石作为见面礼，有的雄企鹅往往到邻居那里去偷取，求偶季节一到来，就把卵石虔诚地奉献给雌企鹅，然后退几步站立在一旁观望。一旦雌企鹅认可了，便会用偷来的卵石在背风处筑起洞房，开始产卵育儿。

4. 为什么晚上和植物共睡一屋会很危险

绿色植物也需要吸收氧气进行呼吸，呼吸作用就像是光合作用的镜像。总的来说，光合作用需要在有光线的情况下进行，因此为了平衡，植物在晚上需要吸收氧气。

不过，只在当植物体积非常巨大，而且整个卧室密不透风，没有足够的氧气供给的情况下，才可能会引发真正的危险。相比之下，同屋而睡的另一个人所消耗的氧气量要远远多于一株植物所消耗的量。

光合作用与呼吸作用中气体交换的规律是由18世纪末荷兰植物学家詹·英根豪斯首先发现的。自从约瑟夫·普利斯特利发现氧气的存在并揭示出植物能利用二氧化碳制造氧气之后，把鲜花摆放在病房里以“净化”空气就成为了一种时尚。

英根豪斯对上述流行的做法产生了怀疑。他通过实验证实，会制造氧气的只有植物的绿色部分，而且还必须处于强烈的阳光之下才行；花朵和其他非绿色部位并不能制造氧气，如果把绿叶放置在黑暗的环境中，它们都和动物一样只会消耗氧气。

在需要氧气的呼吸作用中，植物从空气中吸取自由氧，利用从有机物中释放能量的化学反应；在此过程中，糖类和氧气发生化学反应，生成二氧化碳、水，释放化学能。在光合作用中，二氧化碳和水在有光能的条件下生成糖类和氧气。

白天，虽然呼吸作用和光合作用都在进行着，但是光合作用的进行速度要远快于呼吸作用，而且呼吸作用产生的二氧化碳又迅速被用于光合作用之中，因此光合作用多出来的氧气则进入空气中。夜晚，光合作用停止，而呼吸作用继续进行，因此绿色植物才会吸收氧气，产生二氧化碳。

资料来源：乔楚：《彩色图解十万个为什么》，北京，中国华侨出版社，2017。引用时有改动。

项目训练营

1. 什么是终身学习？终身学习的概念内涵有哪些方面？

2. 信任背摔

目的：培养团队合作力，建立彼此间的信任关系，锻炼心理素质，克服恐惧

队员：12人/队。

器材：2米高台1个，防护垫1张。

场地：不限，最好户外。

程序：全队每个人轮流上背摔台，背摔队员背向队友，双脚后跟$\frac{1}{3}$出台面(组织

者做示范动作)，身体重心上移尽量垂直水平倒下去，下面的队员安全把他接住即为完成。

(1)病情询问：如身体存有异常的(脊椎错位等)，可告知组织者，将视伤病程度决定其是否参加。

(2)每位队员在项目开始前必须摘掉易掉物品(如眼镜、发卡、手表、钥匙、戒指等)。

(3)队员在做项目前都要由队长组织所有队员给他充电加油。具体方法为：背摔队员站立在人床之间，其他所有队员用手扶住其头部、腿部、背部、腰部，背摔队员首先喊出自己的名字，接着所有队员喊出本队队训，并大喊三声“加油”。

(4)当背摔队友准备开始背摔时，应询问人床队员“准备好了吗”，人床队员应整齐高声回答“准备好了”，最后背摔队员高喊：“1、2、3”，随即挺直身体、重心上移成垂直水平倒下。当听到背摔队员的询问“准备好了吗”时，人床队员的头要向后仰，同时侧向队友的背部。

(5)背摔队员站在背摔台上不要向后窜跃、不要垂直向下跳，在倒下的过程中，背摔队员的肘关节要收紧，严禁打开，双脚也不要上下晃动或打开。

(6)队员在担当人床任务承接背摔队友时不可以撤手或撤腿；接住背摔队员后，停两秒后再收回双脚并将队友的身体扶正站稳后方可松手，不可迅速撤手或鼓掌，更不许抛接和开其他玩笑。

(7)队长协助组织者调整人床队员的队形，以确保安全。

(8)宣布完后，询问队员是否还有不明白的地方，待所有队员均无疑问后，方可开始项目。

注意：

(1)当队员站到背摔台上后，应双脚开立，与肩同宽。体前双臂交叉，十指合拢放到下额处。头微低，双手离下巴约10厘米，双臂向胸前夹紧，然后并拢双脚。

(2)每位队员寻找与自己身高体形相仿的队友，在背摔台前相对站立，伸出同侧腿，前面的腿微弓，后面的腿略绷紧(严禁绷直)，脚底保持约十厘米距离，膝窝相抵形成轴心，上身挺直；伸出双臂，十指平伸，手心、肘心朝上，肘部略弯，与队友手臂交错搭在队友的肩胛骨处；头向后仰并侧向背摔队友背部，利用身体上肢移动来迎合承接背摔队员的倒下方向。

(3)搭人床队员将被分为若干组，第一组队员的肩膀距背摔台沿约30厘米；每组队员的肩膀应紧密相连，勿留空隙；整个人床形状应保持由低(背摔台近端)到高(背摔台远端)的坡状；第二、第三、第四组队员由于承受的压力较大，所以必须选一些力量较大的队员，同时要互换组位以免疲劳。力量较小、身高较低的队员排在两端，一般搭建5组即可。如果队员足够多，未搭建人床的队员可用双掌撑住最后一组队友的肩膀处(面向背摔台)，以保证人床的牢固。

3. 思维便利店

一个教授向一群学生出了这么一道考题：一个聋哑人到五金商店买钉子，先把左手比划出持钉状，两手指相对捏着放在柜台上，然后右手作敲打状。售货员先递过一把锤子，聋哑顾客摇了摇头，指了指做持钉状的两个手指，这回售货员终于拿对了。这时候，又来了一位盲人顾客。

“同学们，你们能否想象一下，盲人将如何用最简单的方法买到一把剪子?”教授问道。

“哦，很简单，只要伸出两个指头模仿剪子剪布的模样就可以了。”一个学生答完，全班表示同意。

教授说：“其实盲人只要开口说一声就行了。”

这个故事对我们有什么启发呢?

PROJECT 6

项目六
职业核心管理素养

PROJECT 6

认知目标

了解职业核心管理素养所包括的内容，以及其中的概念、特点与基本分类。

素养目标

领会职业核心管理素养的精神，掌握培养职业核心管理素养的方法。

运用目标

运用所学内容有意识地培养自己的职业核心管理素养，探寻个人职业发展的正确路径。

任务一　学会适应职场

任务导入

职场难题

小亮毕业后，来到一家中型企业工作。刚开始他还充满激情与干劲，可是没过多久，就开始抱怨这与自己理想中的企业相差太远，工作中处处不顺心。于是，小亮逐渐懈怠，上班时常跟同事发牢骚。结果牢骚传到了上司耳朵里，小亮被炒了鱿鱼。开始小亮还满不在乎，觉得反正自己也不看好这个工作，下一个工作肯定更好。可是，小亮几经波折换到另一家“心仪”的企业之后，仍然对这家企业不满，发现还不如之前的那份工作。于是小亮十分愁闷，心想为什么进一家理想的企业那么难呢？为什么过不上自己喜欢的职场生活呢？（原创案例）

启示

我们每个初入职场的人或许都会有小亮这样的经历。要知道完美的事物是不存在的，在职场中我们会遇到很多问题，我们要做的不是逃避现实，而是直面问题，主动适应职场。

从校园走向职场，是个人生涯发展过程中一个重要的转折点。能否顺利实现从学生到职场人身份的转变，不仅影响着个人工作状态与生活质量，还影响着企业的发展、社会的运行。有鉴于此，为了更好地促进个人在职场中的发展，我们需要认识职场，学习相应的职场素养，以主动地去适应职场生活。

一、初识职场

许多毕业生在走入职场之后，容易出现不适应工作环境，不清楚如何在职场上正确行事的困难。认识职场能够帮助职场新人树立正确的观念，在竞争日益激烈的环境中更好地承担自己的职责。

美国佛罗里达大学的管理学教授丹尼尔·费德曼(1987年)曾经将大学的环境和职场的环境作了详细的比较，具体如下表所示。

表　校园文化和工作文化

校园文化	工作文化
1. 弹性的时间安排	1. 更加固定的时间安排
2. 偶尔可以逃课	2. 不能随意缺勤
3. 得到的反馈既有规律又具体	3. 得到的反馈无规律且更少
4. 充足假期，可以自由安排的节假日	4. 没有寒暑假
5. 问题大多有正确答案	5. 很少有正确答案
6. 教学大纲提供明确的学习任务	6. 工作任务模糊
7. 分数上的个人竞争	7. 根据团队表现进行评估
8. 学习循环周期短，每学期16～18周	8. 工作循环周期长，持续数月甚至数年
9. 奖励以客观标准和有点为基础	9. 奖励通常以主观标准判断
老师	领导
1. 鼓励讨论	1. 通常对讨论不感兴趣
2. 提前安排任务，规定时间充裕	2. 分派紧急的工作，交付周期短
3. 处理事情较客观、公平	3. 处理事情独断，以及并不总是公平的
4. 以知识为导向	4. 以结果或者利益为导向
学校中的学习过程	工作中的学习过程
1. 抽象性、理论性的原则	1. 具体的问题解决和决策制定
2. 正规的、结构性的学习	2. 以具体、真实的生活为基础
3. 个人化的学习	3. 社会性、分享性学习

上表通过文化、指导者和学习过程三个维度分析了校园环境和职场环境的不同，这就可以解释为什么一些学生毕业后在适应自己的首份工作时总是四处碰壁的问题。因此，了解职场并学习适应职场的方法有助于学生更好地适应从校园到职场的转变。

二、适应职场的方法

连线职场

马云式五步走

一看：来公司先看，少发言，观察一切你感兴趣的人和事。从看和观察中学习了解阿里巴巴。当然，最好带着欣赏和好奇的态度去看，因为毕竟你是因为欣赏和好奇来到这个公司的。

二信：问自己相不相信这家公司的人、使命、价值观，相不相信它的未来。假如不信，可以选择离开，离开不适合自己的公司是对自己和别人最负责的态度。相不相信公司言行是否一致，是否真的在努力实现公司承诺的。当然也要判断个别和群体。

三思考：仔细想想自己可以为实现这个公司的理想和使命做些什么。思考如果自己留在这个公司里，团队和工作有我和没有我，有何区别？我到底该如何做一名优秀的员工？

四行动：懂道理的人很多，但能坚持按道理办事的人太少。行动是真正说明思想的。阿里巴巴的工作是单调、乏味、重复的，因为我们应该把新鲜快乐留给客户。行动也是要有结果的。我们要为努力鼓掌，但要为结果付费。

五分享：经过看、信、思考和行动后，您的观点才真正珍贵，珍贵的观点必须和新来的以及以前的同事分享，但有些发泄性的批判，除了让人不高兴外，意义不大，我们期待的是分享性批判。

（一）树立职场思维

许多学生毕业后，对工作总感到各种不适应，是因为在学校养成了“被安排”的习惯，在工作中容易机械执行、缺乏个人主动性。摆脱“学生思维”，树立“职场思维”，至少应该关注以下几个方面。

1. 学会主动思考，培养超前意识

“学生思维”是一种等待思维，等待老师安排任务，这体现的是依赖心理，依赖老师提供解决方案。在职场中，新员工很容易被这种习惯拖累，其表现为一直被任务牵着走，成为工作的“奴隶”。要想主导工作，必须培养“主人翁精神”，即把自己当成局内人，遇事主动思考——小到思考领导或同事的意图：他想表达什么、他需要我做什么；大到思考企业的管理制度、发展战略。因此，主动思考的人便很容易做到“未雨绸缪”，对将要发生的事情有所感知并做出相应准备。这就像在下棋时，最后的胜者一定是预料到了对手的棋路，并在心中盘算好自己的对策一样。所以，要想在职场上得心应手，主动思考是一项不可缺少的能力。

2. 区分轻重缓急，提升行动效率

职场中的工作在大部分情况下都不是线性的，即一件任务完成再做下一件，而是几件任务同时进行。这个时候就需要你对任务进行初步识别，根据“四象限法”将事情分为四个维度：重要且紧急、重要但不紧急、紧急但不重要、不重要且不紧急。如此面对复杂的情况我们便能将精力与时间放在最重要、最紧迫的事情上，从而达到效率最大化，并在有限的时间内创造出最大的价值。

相关链接

四象限工作法的运用

四象限法则由著名管理学家史蒂芬·科维提出。

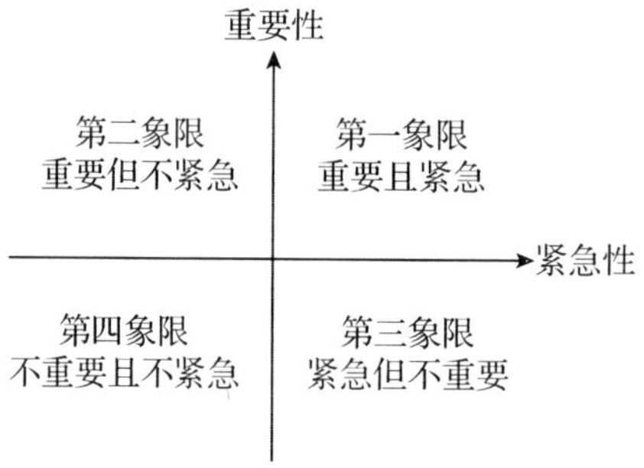

第一象限：立即去做。分配25%～30%的时间与精力。

第二象限：有计划地去做。分配65%～80%的时间与精力。这一象限最值得我们注意，因为工作中真正紧急的事情并没有那么多，大部分情况下都是这个象限的任务没有处理好。所以不要让第二象限的事情溜到第一象限去，合理规划，有效开展工作。

第三象限：尽量不做。只分配2%～3%的时间与精力。

第四象限：交给别人去做。分配15%左右的时间与精力。

3. 衡量个人能力，懂得适当拒绝

在学校，老师鼓励学生要大胆尝试，做错了也没关系。但是在职场中，做错了可能真的“有关系”，轻则对个人事业发展不利，重则造成公司经济、名誉受损。领导交给新员工重要任务，表明了领导对其个人的看重与信任，但与此同时，新员工自身也要考虑清楚，衡量自己的能力是不是能达到完成使命的要求，如果没把握就要跟领导沟通，婉言拒绝，以免对企业造成不必要的损失。若有较大把握，则可以尝试，但要注意三思而后行，进展过程中的重要环节一定要跟领导确认，以保证任务朝着正确的方向进行，避免出现完成任务之后却不符合要求的问题。

4. 明确个人目标，规划发展路径

职场中自我存续的基础就是不断发展。职场中人要对个人想要什么有明确的认知。当然这不一定是短时间内就能确定的，因为没有谁一生下来就知道自己要做什么，人都是在试错中吸取经验，从而逐渐找到目标，明晰人生追求。所以“目标”与“行动”是一种双向关系，既可以是目标指导行动，也可以从行动中找到目标。职场新人需要避免两种极端：只有目标不行动或盲目行动没有目标。目标一旦确立，个人需要衡量自身与目标之间的差距，思考怎样做才能达成目标，由此规划个人的发展路径。

（二）处理职场关系

职场人际关系，是指在职工作人员之间各类关系的总汇。跟人合得来是不可或缺的职场生存能力。处理职场关系的能力体现了一个人的“职商”，虽然它永远代替不了你的专业素养，但是如果没有，则会让职场人承担不必要的损失。在职场中，处理人际关系时应从遵循以下 6 条原则。

1. 换位思考

改变单一地从自身角度去思考问题的习惯，多替对方着想，理解别人这么做的原因，人际关系才能处理得好。

2. 平等待人

同事之间无论职位高低都应平等相待，不要分亲疏、厚此薄彼，尽量以平等的态度待人接物，尽力与每个同事建立良好的关系。

3. 欣赏他人

每个人都喜欢被夸奖与赞美，在与同事交往过程中不要吝啬自己的夸奖，多给予别人恰当的反馈，以维持融洽的同事关系。

4. 以诚待人

以诚待人有两层含义：一方面，真诚待人是与人交往的根本；另一方面，诚信待人是做一切事业的前提。在职场中真诚待人，别人才会真诚待你，最终达到双赢的结果。在职场中诚信待人、实事求是，才能得到别人的尊重与认可。

5. 持之以恒

在处理人际关系时，不能急功近利，追求短期效果，真正和谐的人际关系不是一种应付，而是我们自然的情感流露。

6. 留有余地

在与同事交往时要保持距离，不可过于亲密，更不可谈论一些越界的话题。在处理事情时要张弛有度，留有余地，不要咄咄逼人。

互动空间

柯莉第一天上班，就和艾琳成了好朋友。她们在休息时间总是待在一起，而且每周至少一起外出吃饭一次。一天，柯莉手头有项紧急的工作要赶，所以就婉拒了艾琳的午餐邀请，而且向对方解释了原因。第二天，柯莉请艾琳共进午餐，但艾琳却冷冷一笑，扭头就走。柯莉追上去问道："艾琳，你怎么了?"艾琳摇了摇头，随即离开了办公室。柯莉一周没有联系艾琳，希望让彼此先冷静一下。但一周后，艾琳还是对柯莉不理不睬的，事态变得更加糟糕了。柯莉决定做最后的努力挽救这段友情，她走近艾琳说："艾琳，如果我做了什么让你不高兴的事情，我希望我们能够好好谈谈。"不幸的是，艾琳还是一副不屑一顾的样子，转身走开了。

问题：当你与同事的关系像上述材料中那样恶化时该怎么办?

资料来源：[美]安德森等：《初入职场：美国AAA级职业规划指导手册》，王佳艺译，北京，中国人民大学出版社，2010。引用时有改动。

（三）遵守职场礼仪

中国自古以来便是礼仪之邦，礼仪是一个国家文明程度的象征。职场礼仪，是指人们在职业场所中应当遵循的一系列礼仪规范。职业院校将职场礼仪作为就业指导工作中的重要内容，旨在培养有道德、文明礼貌的优秀学生与从业者。常见的职场礼仪如下。

1. 求职时的基本礼仪

(1)外在形象整齐整洁，适合未来工作需要。

(2)行为举止优雅大方，态度自然亲切。

(3)应答文明礼貌，语言简洁连贯。

2. 职场着装礼仪

应符合“TOP”原则，即着装与当时的时间(Time)、所处的场合(Occasion)和地点(Place)相协调。

3. 职场仪容礼仪

在职场活动中，恰如其分的妆容能很好地起到为个人加分的作用。化妆时要遵循自然、整体的原则。

4. 职场仪态礼仪

(1)站姿：头正、颈直、肩平、收腹、挺胸、并腿。

(2)坐姿：坐姿的种类有很多，如垂直式、标准式、前伸式等。

(3)行姿：步态自然、步速适中。

5. 职场语言

(1)使用敬语、谦语、雅语。

(2)使用一般性的礼貌用语，如问候语、致谢语、致歉语等。

(3)适当使用肢体语言，如眼神、微笑等。

互动空间

微笑训练

找一面镜子，放松面部肌肉，微微提起两端嘴角，同时注意眼神的配合，以展现眉目舒展的微笑面容。如此反复多次后，对着镜子讲一段话，看看你的微笑是否得体。

三、工作与家庭生活的关系

工作与生活不是截然分开的，而往往是相互依存、相互渗透的关系。在中国经济快速转型的背景下，每个人都承受着一定的工作压力与生活压力，如何处理工作与生活二者之间的冲突、化解二者之间的矛盾，从而最终实现平衡，是个人为了适应职场生活需要解决的一个重要问题。

（一）树立工作与生活相融合的观念

工作与生活二者是紧密相连的，工作为家庭生活提供物质基础，家庭生活为工作提供坚强的后盾和情感支持。因此，要积极寻找二者之间的共同点和互补点，从而更好地解决可能遇到的矛盾和冲突。

（二）正确处理工作与生活中的负面情绪

避免将工作中的糟糕情绪带到家庭生活中，也不可因生活中的琐事扰乱了正常的工作进程。二者既有融合互补之处，又要区分对待，要用辩证的眼光看待工作与生活的关系。

连线职场

管理第一夫人

在管理学史上，吉尔布雷斯夫妇（Frank Gilbreth，1868—1924；Lillian Gilbreth，1878—1972）是绝无仅有的、在事业上真正“志同道合”的伴侣。他们共同追随泰勒，忠实信奉“效率”原则，并在诸多方面，特别是在他们自己的家庭生活中，都始终如一地将效率原则发挥到了不可思议的“极致”状态——在他们轰轰烈烈的管理人生中，不仅高效率地取得了一系列管理学术成就，还无比

"高效率"地生养了12个孩子。特别是吉尔布雷斯夫人莉莲，她以其高效率且无比成功的管理职业经历，成为一位令人由衷地佩服的伟大女性。

吉尔布雷斯夫人不仅是"管理学第一夫人"，而且是名副其实、身体力行的"管理学第一夫人"。在生活中，莉莲成功地把传统女性夫唱妇随、相夫教子的美德和职业女性独立自主、持之以恒的精神完美统一起来，把职场工作与家庭生活、私人空间与公共领域巧妙连接起来。她将企业组织管理问题与政府公共管理政策相互打通一起研究，使它们不仅并行不悖而且相得益彰、互相促进。她应用科学管理的方法与技巧，让孩子们学会了独立生活与自我管理，长大以后不仅健康生活而且还成就斐然。其中还有两个孩子成为畅销书作家，后来他们推出的回忆录《论"打"更便宜》，成为1949年美国最畅销的非小说类书籍。该书生动地描述了他们的父母如何运用效率研究理念操持家务，管理12个孩子。好莱坞有人专门以吉尔布雷斯夫妇二人的逸事拍了一部同名喜剧片，其中有一组打趣讥讽似的生活写真镜头：每次商业差旅结束回家时，这对专业的管理学夫妇就用秒表计算孩子们上前拥抱他们时所用的动作和时间。

资料来源：马洪立、李宝元等：《现代职业生涯管理学》，北京，北京师范大学出版社，2012。引用时有改动。

拓展阅读

老板要求做到一二三，你还要做好四五六

工作需要一种积极主动的态度。主动工作的员工，将会获得更大的发展。

我们对工作，一定要有一个目标。如果你希望公司重视你，老板注意你，你就应该这么做：老板吩咐你做一二三，你把四五六也做了。而实际情况是，在今天的职场中，老板吩咐做一二三，许多员工只做了一或二，然后就开始抱怨。

许多年轻人很少在工作中投入自己的热情和智慧，而是被动地应付工作。他们遵守纪律、循规蹈矩，却缺乏责任感，只是机械地完成任务，而没有创造性地、主动地工作。在现代社会，虽然听命行事的能力相当重要，但个人的主动进取更受用人单位的欢迎。许多公司都努力把自己的员工培养成主动工作的人。所谓主动，就是

没有人要求你、强迫你，你也能自觉且出色地做好需要做的事情。

两个同龄的年轻人同时受雇于一家零售店铺，并且拿同样的薪水。

可是一段时间后，叫约翰的小伙子青云直上，而叫汤姆的仍在原地踏步。汤姆很不满意老板的不公正待遇，终于有一天他到老板那儿发牢骚了。老板一边耐心地听着他的抱怨，一边在心里盘算着怎样向他解释他和约翰之间的差别。

“汤姆，”老板开口说，“你到集市上去一下，看看今天早上有什么卖的。”汤姆从集市上回来向老板汇报说：“今早集市上只有一个农民拉了一车土豆在卖。”

“有多少？”老板问。

汤姆赶快戴上帽子又跑到集市上，然后回来告诉老板一共40袋土豆。

“价格是多少？”汤姆又一次跑到集市上问来了价钱。“好吧，”老板对他说，“现在请你坐到这把椅子上一句话也不要说，看看别人怎么做。”然后，老板又叫约翰做同样的事。

约翰很快就从集市上回来了，并汇报说，到现在为止只有一个农民在卖土豆，一共40袋，价格是多少。他认为土豆的质量很不错，还带回来一个让老板看看。昨天那个农民铺子里的西红柿卖得很快，库存已经不多了。他想这么便宜的西红柿老板肯定会要进一些的，所以他还带回了一个西红柿做样品。

此时老板转向了汤姆，说：“你现在知道为什么约翰的工资比你高了吧？”

在博鳌亚洲论坛2007年年会上，有人问美国微软公司董事长比尔·盖茨成功的主要原因是什么？比尔·盖茨回答说：“工作勤奋，我对自己要求很苛刻。”有专家曾说，有两种人永远无法超越别人，一种人只做老板交代的工作，另一种人连老板交代的工作也做不好。如果你连老板交代的工作都做不好，老板肯定不满意，这显然不是好员工。但是不是做好老板交代的工作就万事大吉了呢？答案是否定的。就像上面举的例子，你起码要做到第七步，才能说明你是优秀的、不可替代的。

完成老板交代的任务后，自己要给自己安排任务。而这个任务对公司应该是有益的。即使无益，对你本人习惯的养成也应该是有好处的。如果有一天你当上了老板，再也没有人给你具体指示，没人告诉你应该做什么、怎么做，那么你怎么办呢？这就需要在你给别人打工的时候，培养积极主动找工作的职业习惯。老板要求做到一二三，你还要做好四五六。

做到这些需要有很强的责任心。工作中，有些事情老板没有交代我们去做，这就需要我们善于发现。首先要热爱你的工作、研究你的工作，全身心地投入你的工作上去，这样你才能发现老板没有交代的“四五六”。如果你逃避工作，那你在目前的岗位上就是不称职的。

资料来源：佘继标：《赢在职场1：做不可替代的员工》，北京，印刷工业出版社，2012。引用时有改动。

任务二　学会管理自我

任务导入

本杰明·富兰克林的自我管理

本杰明·富兰克林(1706—1790)出身贫寒，只念了两年书，就不得不辍学到印刷厂做学徒。但他刻苦好学，勤勉努力，最终成为18世纪最伟大的科学家和发明家，以及著名的政治家、外交家、哲学家、文学家和航海家。富兰克林是个普通人，他是怎样走向成功的呢？富兰克林成功的秘诀是什么呢？答案就是他善于自我管理。

本杰明·富兰克林的自我管理分为两个方面：一是自我的时间管理，二是自我的品德管理，并辅以严格的检查制度。在自我时间的管理方面，他把每天的作息时间制成表格，规定自己在何时工作，在何时休息，在何时做文艺活动。在自我品德管理方面，他给自己制定了“13个人生信条”，并终身恪守这些人生准则。

资料来源：王闯：《自我管理》，济南，山东人民出版社，2016。引用时有改动。

启示

从本杰明·富兰克林的事例中我们可以看到，从出身贫寒的小学徒到成为美国极具影响力的人物的故事背后，体现了自我管理的宝贵价值。

成功始于自我管理，自我管理是一件很重要但同时又很难做到的事。从事任何职业的人都应该学会自我管理。有鉴于此，我们有必要通过学习正确的理念和方法，达到对自身的清晰认识，从而对自我采取有效的管理。

一、自我管理

（一）自我管理的内涵

所谓自我管理就是指个体对自己本身，对自己的目标、思想、心理和行为等表现进行的管理，是自己组织自己，自己管理自己，自己约束自己，自己激励自己，最终实现自我奋斗目标的过程。

自我管理一般包括六项内容：职业生涯规划管理、学习管理、时间管理、计划管理、情绪管理和压力管理。

互动空间

谈谈你对自我管理的理解，以及你曾经有过哪些管理自我的行为？

（二）自我管理的意义

著名管理学家彼得·德鲁克曾指出："卓有成效的管理者正在成为社会的一项极为重要的资源，能够成为卓有成效的管理者已经成了个人获取成功的主要标志。而卓有成效的基础在于自我管理。"

自我管理对个人来说，有助于提高个人工作积极性，大大增加个人获得职业成功的可能；有助于个人养成高效的生活习惯，使个人对生活产生更大的热情和信心。

自我管理对企业来说，有利于使企业的资源得到充分利用，从而获取更大收益；还有助于形成良好的企业氛围，每个人都做到有效自我管理，团队、部门、企业的运行就会更加顺畅。

二、自我管理的前提——认识自我

在智慧女神雅典娜的神庙上刻着的唯一一句话是：认识你自己。千百年来人们对这一目标的追寻从未止步。美国著名心理学家费池提供了五种自我概念的基本维度：生理自我、道德伦理自我、心理自我、家庭自我和社会自我。考虑到职业的相关性问题，心理自我将成为本部分的重点内容，其中主要包括个体对自己的心理属性如价值观、兴趣、能力等方面的认知、体验和愿望。

（一）认识自我的价值观

1. 价值观的概念

价值观的实质是一个非常复杂的问题，我们很难对其下一个准确的定义。但简单来说，价值观是指个体对周围事物是非、善恶和重要性的评价。价值观指导着个体该做什么和不该做什么。

与职业相关的价值观，被我们称为“工作价值观”。20 世纪中期，唐纳德·舒伯等人开始研究职业价值观，结果发现价值观的确是影响职业生涯选择的一个重要因素，并且与随后的对工作的满意度水平相关。

2. 工作价值观的类型

(1)德国的斯普兰格将其分为六种类型：理论型、经济型、审美型、社会型、权力型和宗教型。

(2)罗克奇价值观调查表提出了两类价值系统：终极性价值观和工具性价值观。终极性价值观表示存在的理想化终极状态和结果，它是一个人希望通过一生而实现的目标；工具性价值观指的是达到理想化终极状态所采用的行为方式。每个系统都各包含 18 项内容。

(3)凯茨提出了 10 种与工作有关的价值观：高收入、社会声望、独立性、帮助别人、稳定性、多样性、领导力、在自己感兴趣的领域工作、休闲、尽早进入工作领域。

3. 价值观的形成

20 世纪美国著名教育学家西蒙、拉斯等人通过研究认为，任何信念、态度等价值观必须经过三个阶段、七个步骤才能成为他的价值观：

(1)选择：自由选择、从多种可能中选择、对结果深思熟虑后进行选择。

(2)珍视：珍视与爱护自己的选择、确认即以充分的理由再次肯定这种选择。

(3)行动：依据选择行动、反复地行动。

相关链接

职业锚的概念，是由美国著名的职业指导专家埃德加·H. 沙因(Edgar H. Schein)教授提出的。锚，是船只停泊定位用的铁质器具。所谓职业锚，就是人们选择和发展自己职业时，用以定位的中心。职业锚又被译为职业系留点，也叫职业定位，是指一个人不得不做出选择的时候，无论如何都不会放弃的职业观。职业锚的类型有以下几种。

1. 传统职业锚类型

传统的职业锚主要有五种类型：专业技能型、经营管理型、追求创造型、独立自主型及安全稳定型。

(1)专业技能型

以技术或职能为职业锚的人，注重个人在某个专业技能领域的进一步发展和提高，他们不太喜欢从事一般的管理工作，因为这会限制他们在专业领域的深入研究。这些人多数会从事如工程技术、营销、财务分析、系统分析、企业计划之类的工作。

(2)经营管理型

以管理能力为职业锚的人，具有极强的升迁动机和价值观，以晋升、权力和收入作为衡量成功的标准。这类人同时拥有较强的分析能力、领导能力、人际沟通能力，但却非常依赖组织，认为个人与组织的命运休戚相关。

(3)追求创造型

以追求创造为职业锚的人，具有极为强烈的创造需求与欲望。他们追求建立或创造完全属于自己的成就，认为只有实实在在的事物才能体现自己的才干。例如，创建一家属于自己的公司，开发以自己的姓名命名的产品或工艺。这类人意志坚定、勇于冒险、喜欢标新立异，同时总是力图以坚韧不拔的精神、百折不挠的行动去创造。

(4)独立自主型

以独立自主为职业锚的人，希望随心所欲地安排自己的工作方式、习惯、进度和生活习惯，最大限度地摆脱组织的限制和约束，自由是他们的首选与职业核心。这类人同时会有相当高的专业技能型定位，但他们不会在组织中发展，而宁愿做小企业的合伙人、自由撰稿人。

(5)安全稳定型

以安全稳定为职业锚的人，重视长期的职业稳定性和保障性，一份安全稳定的工作、一笔体面的收入、优厚的福利及有效的退休保障是他们的价值取向。尽管他们有时能获得较高的职位，但他们并不关心具体的职位和具体的工作内容。这类人对组织的依赖性强，但缺乏职业生涯开发的驱动力和主动性，政府机关的公务员是他们优先的选择。

2. 新职业锚类型

后来经过探入研究，沙因教授又补充了三种新的职业锚类型：服务型、挑战型及生活型。

(1)服务型

以服务为职业锚的人更多倾向于自己认可的价值观，以提供帮助作为个人的最高价值体现。他们追求的是一种为他人服务、帮助他人改善生存状况的目标。

(2)挑战型

以挑战为职业锚的人非常喜欢挑战性的工作。挑战型的职业锚与其他的职业锚有部分重合，如与专业技能型的、经营管理型的有重合，但他们更倾向于解决些颇具挑战性的难题。

(3)生活型

以生活为职业锚的人，以家庭生活为重，视家庭为生命之根。当家庭和职业发生冲突的时候，他们能够为保持家庭的平衡而牺牲个人的部分事业。

以上八种类型的职业锚，并不是完全独立互不相关的，而是存在一定程度的重合的。比如，追求创造型的职业也要求自主权，也具备管理能力，也希望施展自己的特殊才华，但这并不是最主要的动机和价值观，创造才是重中之重。

职业锚不是一成不变的。随着职业生涯的发展，以及个人社会生命周期和家庭生命周期的成长、变化，个人的能力、动机和价值观也会不断变化和发展，职业锚也因此发生变化。在职业生涯的中后期，从业者可能会重新选定自己的职业锚，个人的职业锚实际上是不断探索所产生的动态结果。

资料来源：李兴洲、单从凯：《职业生涯规划》，北京，北京师范大学出版社，2019。引用时有改动。

(二)认识自我的兴趣

1. 兴趣的概念

兴趣是人认识某种事物或从事某种活动时的心理倾向，是推动人认识事物、探索真理的无形动力。

职业兴趣是兴趣在职业方面的表现，是指人们对特定职业或工作产生的心理倾向，体现人们愿意为职业投入的程度。从事与兴趣相符的工作，容易增加个人对工作满意度并增强个人的职业成就感。

2. 寻找兴趣的方法

(1)正式评估。通过利用专业人士开发的心理测评量表分析个体的职业兴趣，如霍兰德职业性向测验量表、坎贝尔兴趣和技能调查表等。

(2)自我反思。个体需要主动思考“自我”这一概念，通过在生活中有意识地关注自己的兴奋点，不断进行反思、总结，最终挖掘自身的特性。

(3)进行咨询。向身边的家长、老师、同学、领导、同事等人咨询，看一看他人眼中的自己有什么特别之处。

(三)认识自我的能力

1. 能力的概念

能力是人们在完成某项活动中表现出来的综合素质。在工作中，“职业能力”是指人们从事某种职业的多种能力的综合，通常由三方面组成，一是入职前的任职资格，二是在职场中的职业素质，三是职业生涯管理能力。职业能力决定着个人能否在该职业中取得成功。

2. 能力的类型

能力根据活动领域的不同可以分为一般能力、特殊能力、再造能力、创造能力、认知能力、元认知能力等。美国著名心理学家加德纳提出了多元智能理论，将人的智能分为九个领域：语言—言语智能；逻辑—数理智能；空间智能；肢体—运作智能；音乐智能；社交智能；自我反思智能；自然观察智能；存在智能。

由此可知，智力的内涵是多元的，每个学生都在不同程度上拥有九种基本智力，智力之间的不同组合会表现出个体间的智力差异。由于个体之间的能力差异很大，因此每个人都有必要找到自己的能力优势，并根据优势选择相应的职业。

3. 提升能力的方法

(1)发挥优势。能力优势是个人最大的竞争力，在寻找到这种优势之后要将其发扬光大，增加个体的不可替代性。

(2)补齐短板。根据木桶理论，一只水桶能装多少水取决于它最短的那块木板，有时短板会成为一个人的致命缺点。因此如果个体身上存在着“一块最短的木板”，就一定要及早将他找出并进行修正，弥补自身弱点，从而消除这块短板形成的制约因素，实现整体功能的最大限度的发挥。

三、自我管理的方法

（一）职业生涯规划管理

明确的职业目标和发展计划是个人在事业上取得成功的必备条件。（具体内容参见任务三）

（二）学习管理

在知识经济时代和终身学习的背景下，个人要搞清楚“为什么学”“学什么”及“怎么学”三个问题。“为什么学”体现了个体的学习目标，良好的目标设定应该从追求知识本身出发，这有益于使个体产生积极且持续的学习动机。“学什么”关乎学习内容的选择，需要考虑到自身兴趣与教学要求，从而促进个体全面、健康地发展。“怎么学”涉及学习策略与学习方法，科学的方法能大大提高学习效率，因此个体可以通过观察、咨询、尝试等方式找到最适合自己的学习方法，以达到事半功倍的学习效果。

（三）时间管理

1. 遵循人的生理规律

心理学研究表明，人的精力有首位效应和近位效应，也就是说人们倾向于记住开始和末尾的事情。所以高效的时间管理者应该把最重要的任务放置于学习或者工作的首尾。

2. 高效利用整体时间

当前生活中干扰因素的增多，导致让人专心做事的整块时间越来越少，因此人们对这部分时间一定要格外珍惜，提前规划好如何使用，对任务进行优先排序，保证用整体时间完成最重要的工作。

3. 合理利用零散时间

现代社会，人们的时间越来越碎片化，但是这许许多多零散的时间积少成多，其价值也不可小觑，所以人们应“见缝插针”，学会分解任务，化整为零，珍惜每一寸光阴。

4. 关注他人时间

在日常交往中人们越来越注重合作的重要性，但每个人都有自己的工作与计划，很难就时间问题达成一致。因此，在规划自己时间的同时，也应该考虑到对方的行程，寻求时间的最优解。

互动空间

帕累托法则训练

帕累托法则又名二八定律、80/20定律，是由19世纪末20世纪初意大利经济学家帕累托发现的。他认为，在任何一组东西中，最重要的只占其中一小部分，约20%，其余80%尽管是多数，却是次要的。二八定律最初用来解释社会上20%的人占有80%的社会财富。后来又被用来解释更多的现象，例如通常一个企业80%的利润来自它20%的项目、20%的人身上集中了人类80%的智慧……

二八定律不仅在经济学、管理学领域应用广泛，而且对我们的自身发展也有重要的现实意义：学会将时间和精力花费在主要事情上。一个人的时间和精力都是非常有限的，要想真正"做好每一件事情"几乎是不可能的，要学会合理地分配时间和精力。要想面面俱到还不如重点突破。把80%的资源花在能出关键效益的20%的方面，这20%的方面又能带动其余80%的发展。

问题：

1. 哪些工作花费了你80%的精力，却只获得20%的收益？

____

2. 哪些工作花费了你20%的精力，却获得了80%的收益？

____

3. 为了实现效率最大化，我们该做什么样的工作？

____

（四）计划管理

在做事之前要求明确目标和安排，从而使工作和生活能有条不紊地进行。

（五）情绪管理

1. 自我暗示

自我暗示分消极自我暗示与积极自我暗示。心理学的实验表明，当一个人默念“气死我了”等语句时，心跳会加速，出现发怒的反应。反之，如果默念“真让人开心”之类的语句，那么他便会产生愉悦的心情。在情绪管理中，我们要多利用积极自我暗示解决情绪问题。

2. 转移注意力

这是一种把注意力从此刻不愉快的事情转移到其他事物上去的自我调节方法。如听愉快的音乐、外出跑步、看喜剧电影等。

3. 适度宣泄

适度的宣泄对缓解个人情绪是有好处的，但要注意应采取适当的方式，以免造成不良后果。如在空旷无人的地方大吼、向值得信赖的人倾诉等。

（六）压力管理

1. 冥想放松法

找一处安静的环境，选择一个舒适的姿势，调节呼吸，将注意力全部集中在自己的身心上，忘掉外界的一切烦恼与不快。

2. 重新规划

许多时候压力的形成是由于时间紧任务重，这时候需要人们停下脚步，跳出当前繁乱的状态，将事情捋一捋，重新规划行动方案，然后采取高效的方式完成工作。

3. 与人交往

当压力过大时，不建议长时间一个人独处，可以主动找亲朋好友交流、谈心。这一方面，具有缓和压力的作用；另一方面，还有助于交流思想，找到困难的破解之道。

连线职场

俞敏洪的自我管理

作为一个领导者，首先必须要有效地管理自己。新东方教育集团掌门人俞敏洪可以说是青年人的楷模。他成功的自我管理经验，可以归纳为如下几点。

(一)设定长远目标

除了新东方工作，俞敏洪还设立了三个长期目标：第一，创办一所“两三千人、永远不扩招”的私立大学；第二，设立一所文化研究院；第三，“在全世界进行深度旅行，并且能够写出有深度的游记来”。

(二)确立阶段性目标

俞敏洪认为，一个人要有所成就，应该设立阶段性目标。“比如说，我今天要背完这篇课文，到睡觉之前我背下来了就是阶段性的小成功。把这些小成功加起来可能最后就是一个大成功。”

1. 以“看见最后成果”来自我激励

俞敏洪身在企业的最高处，谁来激励他？答案是：俞敏洪通过“看见最后成果”来自己激励自己。新东方作为一个培训机构，最后成果就是对学员的改变。因此俞敏洪经常在讲座上说：“我做新东方有非常大的动力，我认为我是做了一件好事，这个是要通过讲座来强化的。你要是半年、一年没接触学生，这个强化就弱了。”

2. 每周总结，给自己打星

俞敏洪会每周写一次日记，回顾 7 天的经历，并根据收获给自己打星。俞敏洪说，如果做到以下事情会得到比较多的星：“在家里读了一本书，这一天没有其他的干扰；或者说写了一两篇我认为比较出色的文章；或者说通过跟朋友聊天确实学到了很多东西。”

3. 保持学习心态

俞敏洪不把跟新东方相关的工作列入打星的范畴，因为他认为那些工作做得再好，也只是重复，而不是提高。不过他谈到一个例外，就是他在哈佛商学院参与讨论新东方案例的经历，应算作因为新东方的工作带来的机会。“我从他们的行为方式、表达方式和教授的讲解方式中学到了很多东西，这个对我来说是全新的……尽管那一天我连觉都没睡好，但是我依然要给它打五星。”

4. 经常放松自己

“我有时候会突然跑出去爬山、看云，晚上——我对阴历非常熟悉——每到月亮升起，有时候我真会去坐在月亮底下，就这么看着月亮什么也不干。

资料来源：王闯：《自我管理》，济南，山东人民出版社，2016。引用时有改动。

拓展阅读

技能：明智管理界限

“神看光是好的，就把光暗分开了。”——《旧约·创世纪》

通过有意识地管理好不同职责之间的界限，处理好不同职责的要求是非常重要的。当我们飞速步入电子信息时代，无处不在的“屏幕”向我们传递信息，使我们越来越无法看清到底什么对我们是最重要的。如果你想在这个网络的世界中获益，正确判断信息的技能肯定是最重要的技能之一。为了提高你运用智慧管理不同职责界限的水平，将信息进行整合，让自己更完整，你应该时不时地跳出别人给予的框架。还有，看看你如何在你和你周围人需要的基础上，既分清又融合你生活中的不同领域。

练习：集中于一项任务，切断与外界的联系。

越来越多的证据表明了所谓一心多用的风险，所以理智的做法是思考一下你能做什么来减轻一心多用的后果。这个练习的第一部分是选择一件你每天都做的事情，比如说锻炼、做饭或是回邮件。第一天，在做那件事的同时也做些别的事情，比如说同时和朋友聊天或者看电影；第二天，只专心做那件事，不要被任何事情干扰。然后问问自己，是不是这一天的工作质量很高，其中一天会不会使自己专注并提高了自己的效率？如果别人和你在一起的话，问问他们是不是能看出你的工作质量比之前有所提高。这个简单的实验可以帮助你发现一心多用的成本和好处，并且能让你更好地管理自己的注意力。

第二部分，选择一小时完全停用所有电子产品——网络、手机等。选择一个恰当的时间段，然后考虑一下什么事情会有利于你彻底专注和投入。在一小时后，思考以下问题：你是不是总想着你的手机，而且担心会有人联系不到你？为什么？这种焦虑如何影响着你？它又如何影响着你周围的人？然后再尝试更长时间地专注做某事。

这个练习会让你发现什么时候应该和干扰划清界限，然后集中注意力在一两件事情上。这个练习会让你习惯人生中不同领域的转换。这样你就能更好地掌握我所说的“分心艺术”了——也就是镇定、高效地从一件事转换到另一件事情上。

练习：分离与融合

一些组织心理学家发现，不同的人对“分离”与“融合”有不同的表现。这个练习可以让你明白你最适合其中哪一种方式。练习包含了两个互补的实验。首先，找个时间和你平时接触的人聊聊你想如何把自己的生活的不同部分划分开。让他们帮助你定出一个界限——比如说，定一个特殊的时间或地点更集中地做某件事，并且获得明显的效果。

就这个练习，试着把不同的职责划分开来。比如说，你可以在下周或下个月把家里的书房只留给妈妈工作，从上午9点到中午，然后从下午1点到傍晚(这样可以更有效地养家糊口)。或者你可以决定在家人共进晚餐的时候把手机全部关掉(这个决定营造了更好的谈话环境，并且可以让孩子明白和人谈话时身体在场的重要性)。这就是练习分离的部分。

而融合部分需要你思考出一个可以让你将两个或多个不同领域结合起来的机会(同样，把注意力放在时间和空间上)。你的目标不光是叠加工作量，还要改善每一方面的质量。你可以带孩子参观公司赞助的慈善机构，或是带一个同事到邻里组织的小区派对上。用不同的方式来实验这种融合不同领域的效果，看看它是不是改善了你和你周围的人的生活质量。假设你组织了你的配偶还有住在公园附近的同事清理公园，他们是不是都愿意参与到你的生活中来？同时，事后问问他们的感受。

在你尝试了分离生活领域和融合生活领域之后，写下你的感想，记录下哪些是有帮助的，哪些不是很有用。重点是，你觉得自己是不是更容易集中精神了呢？是不是更有效率了呢？别人对你的反应是什么？他们是觉得被你无视了，还是更加相信你，认可你？

资料来源：[美]斯图尔特·弗里德曼：《沃顿商学院自我管理课》，郭慧泉译，北京，北京联合出版公司，2016。

任务三　进行职业生涯规划

任务导入

施瓦辛格的职业生涯规划

阿诺德·施瓦辛格在十多岁时是个身体瘦弱的穷小子，却在日记里立志长大后做美国总统。如何能实现这样宏伟的抱负呢？经过思索，他拟定了一系列目标。

做美国总统首先要做美国州长，要竞选州长必须得到雄厚的财力后盾的支持，要获得财团的支持就一定得融入财团，要融入财团最好娶一位豪门千金，要娶一位豪门千金必须成为名人，成为名人的快速方法就是做电影明星，做电影明星前得练好身体，练出阳刚之气。

按照这样的思路，他开始行动。在以后的几年中，他包揽了各种世界级的“健美先生”称号。22岁时，他踏入了美国好莱坞，此后十年，他在演艺界声名鹊起，并娶到了肯尼迪总统的侄女。2003年，年逾五十七岁的他，成功竞选成为美国加州州长。

启示

施瓦辛格的成功经历告诉我们：科学规划，行动有力，就能成功。他在规划自己的生涯方面，有哪些值得我们借鉴的地方？我们应该如何从现在开始规划我们的人生？

“凡事预则立，不预则废”，指的是做任何事情都要有所规划才能取得成功。人生只有一次，“怎样过好这一生”是我们需要时时刻刻思考的问题。因此，每个人都应该深刻意识到职业生涯规划的重要性、掌握规划人生的方法，成就更好的自己。

一、职业生涯规划的概述

(一)生涯与职业生涯

舒伯在1976年提出这样的观点:“生涯是生活中各种事件的演进方向和历程,它统合了人的一生中的各种职业和生活角色,由此表现出个人独特的自我发展形态。”

狭义的生涯是指与个人终身所从事的工作或职业有关的过程,即指职业生涯,广义的生涯是职业所扩展出的活动,包含非职业的活动,也就是生涯除了终身的事业外,还包含生活中的其他方面。以职业为划分依据,生涯可分为“职前生涯”“职业生涯”和“职后生涯”。

(二)职业生涯规划的含义

职业生涯规划,又叫职业生涯设计,最早由著名管理学家诺斯威尔提出。他指出,职业生涯设计就是个人结合自身情况以及眼前的制约因素,为自己实现职业目标而确定行动方向、行动时间和行动方案。根据这一理解,进行职业生涯规划需要解决三大问题:第一,对自身有清晰、全面的认知;第二,充分了解外部环境,分析个人与环境之间的关系;第三,确定职业发展目标,设计行动路径。

(三)进行职业生涯规划的意义

1. 对个人的意义

(1)提高个人竞争力。在当今时代,“准确分析自身特性,找准机会”已经成为每个人的必备技能,进行职业生涯规划首先要磨炼个人在这两方面的素养,提高个人核心竞争力才能面对激烈的竞争环境。

(2)找到合适的工作。这是进行职业生涯规划最直接的意义。没有最好的工作,只有最适合个人的工作。职业生涯规划的帮助个人找到最匹配的职业发展目标与方向,从而有助于个人在事业上获得成功。

(3)促进个人努力工作。职业生涯规划提供了一份未来发展蓝图,个人朝着目标付诸行动,向着成功一步步迈进。这种满足感与成就感又会反过来激励个人在工作中更加努力,最终形成一个良性循环。

(4)提高生活质量。选择什么样的职业决定个人过什么样的人生。好的职业选择能带来幸福美满的生活；糟糕的职业选择会使个人心情低落、消极懈怠，降低个人的生活质量。

(5)实现个人终身发展。终身学习的时代要求每个人做到终身发展。合理的职业生涯规划能激发个人潜能，不断发挥个人才干、创造个人价值，使其一生能够充分发展。

2. 对企业的意义

员工有清晰的职业生涯规划有利于企业合理配置各项资源、快速达到目标以及长远稳定地发展。

3. 对社会的意义

社会中的每个个体如果都能有恰当的职业生涯规划，社会资源的分配则会更有针对性，社会就业率与就业质量都会得到一定提升。这既能促进经济发展，也能保障社会和谐稳定。

连线职场

比尔·拉福的职业选择之路

一个美国小伙子立志要成为一名优秀的商人。我们来看一下他的成长之路。中学毕业后考入麻省理工学院，但他没有去读贸易专业，而是选择工科中最基础的专业——机械专业。

大学毕业后，这位小伙子没有马上投入商海，而是考入芝加哥大学，继续攻读为期三年的经济学硕士学位。

最出人意料的是，获得硕士学位后，他还是没有从事商业活动，而是考了公务员。在政府部门工作了5年后，他辞职下海经商。又过了2年，他创办了自己的商贸公司。

20年后，他的公司资产从最初的20万美元发展到2亿美元。

这个小伙子就是美国知名企业家比尔·拉福。1994年10月，比尔·拉福率团来中国进行商业考察，在北京长城饭店接受《中国青年报》记者采访时他谈到，他的成功应感激他父亲的指导，他们共同制定了一个重要的职业生涯规划，最终这个职业生涯设计方案使他功成名就。

以下是他取得成功的过程。

工科学习—工学学士—经济学学习—经济学硕士—政府部门工作—锻炼处世能力，建立广泛的人际关系—大公司工作—熟悉商务环境—开公司—事业成功。比尔·拉福的职业生涯的设计脉络清晰、步骤合理，充分考虑了个人兴趣、个人素质，并着重职业技能的培养，这种职业生涯设计在他坚持不懈地努力下，终于变为现实。也许他的这套职业生涯方案并不完全适合我们，但是却告诉我们一个重要的道理：人生是可以被设计的！

资料来源：曹颖：《大学生职业生涯规划实务》，哈尔滨，东北林业大学出版社，2011。引用时有改动。

二、职业生涯理论

理论学习为实践服务，学习相关的职业生涯理论，可以帮助个体在更加宏观、理性的角度进行职业生涯规划。

（一）舒伯的生涯发展理论

唐纳德·E. 舒伯(Donald E. Super)是美国20世纪职业规划与生涯教育领域权威人物。他提出职业发展五阶段理论，认为人随着年龄的增长，职业应该划分成5个阶段，即成长阶段、探索阶段、确立阶段、维持阶段和衰退阶段。其中前三个阶段又可以分成八个次阶段。

1. 成长阶段 (growth stage)：0～14 岁

在成长阶段，个人逐渐建立起自我概念。此阶段的发展可以分为幻想期、兴趣期、能力期。其特点表现为由漫无边际的空想到关注自己感兴趣的职业，再到开始考虑自己的能力和工作对能力的要求。

(1)幻想期(10岁以前)。通过和身边人接触形成初步的职业认识，在头脑中任意幻想、想象，扮演不同职业角色。

(2)兴趣期(11～12岁)。对各种职业有所偏好，逐渐明确自己想从事的和不想从事的职业，更加关注自己的兴趣。

(3)能力期(13～14岁)。开始思考职业对能力的要求，以及自己的能力能否胜任的问题。

2. 探索阶段（exploration stage）：15～24 岁

探索阶段的个人处于中学及以上时期，一方面可以利用学校和社会资源间接获取职业信息，另一方面可以通过亲身体验获得直接的职业感受，这有助于帮助个人完成初步择业。此阶段可以分为暂定期、转变期和试行期。

(1)暂定期(15～17 岁)。个人综合考虑自己的能力与兴趣，对职业做出暂时性选择。

(2)转变期(18～21 岁)。此时期个人接受专门的教育与培训或进入实习，开始正式选择。

(3)试行期(22～24 岁)。选定工作领域，进行初步尝试。

3. 确立阶段（establishment stage）：25～44 岁

经过探索阶段，如果试行令个人满意，则应将职业确立下来并谋求进一步发展。如果对试行不满意则进行更换，最终逐渐在某一个岗位上稳定下来。此阶段也经历两个发展时期，即尝试期与稳定发展期。

(1)尝试期(25～30 岁)。对原本以为合适的职业不太满意，于是可能会改变。此次尝试区别于初步尝试，是定向后的尝试。

(2)稳定发展期(31～44 岁)。大部分人在这一时期已经进入了职业的安定期，致力于在自己领域内得到更好的发展。

4. 维持阶段（maintenance stage）：45～64 岁

在这一阶段，个人会维持自己已经获得的成就和现有的职位、地位，并继续努力。

5. 衰退阶段（decline stage）：65 岁以后

在衰退阶段，个人的精力、脑力、体力大幅下降，逐步退出职业生活。

在提出生涯发展阶段理论之后，舒伯又提出了一个更为广阔的新观念——加入生活广度和生活空间的生涯发展观，除了原有的生涯发展阶段理论，还加入了角色理论，并以“生涯彩虹图”来表示此理论。(见下图)

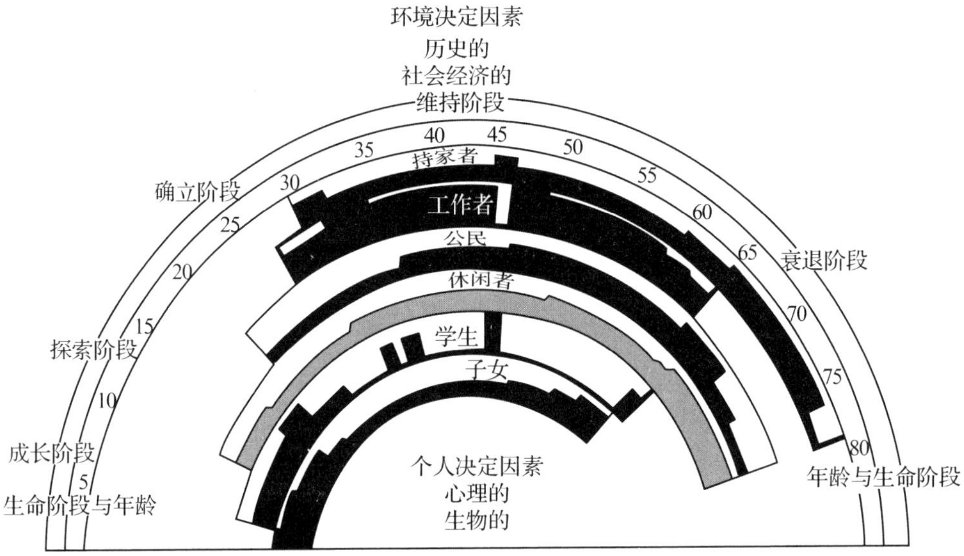

（二）施恩的职业周期理论

爱德加·施恩(Edgar H. Schein)是美国著名心理学家和管理学家，他将人的职业生涯发展分为10个阶段，并提出每个阶段相应的问题与特定的发展任务。

表　职业周期的阶段和任务

阶段	面临的广义问题	特定任务
1. 成长、幻想、探索(0～21岁，角色：学生、候选人、申请人)	1. 为进行实际的职业选择打好基础。 2. 将早年职业幻想变成可操作的现实。 3. 对基于社会经济水平和其他家庭境况造成的现实压力进行评估。 4. 接受适当的教育或培训。 5. 养成、开发工作世界中所需要的基本习惯和技能。	1. 发现和发展自己的需要和兴趣。 2. 发现和发展自己的能力和才干。 3. 学习职业方面的知识，寻找现实的角色模式。 4. 从测试和咨询中获得最大限度的信息。 5. 查找有关职业和工作角色的可靠的信息源。 6. 发现和发展自己的价值观、动机，并实现抱负。 7. 做出合理的教育决策。 8. 在学校品学兼优，以保持尽可能开放的职业选择。 9. 在体育活动业余爱好和学校的各项活动中寻找机会进行自我测试，以发展一种现实的自我意象。 10. 寻找试验性工作和兼职工作的机会，测试早期职业决策。

续表

阶段	面临的广义问题	特定任务
进入一个组织或初任一个职位		
2. 进入工作世界（16～25 岁，角色：应聘者、新学员）	1. 进入劳动市场，谋取可能成为一种职业基础的第一项工作。 2. 达成一项正式可行的心理契约，保证个人和雇主的需要都能满足。 3. 成为一个组织或一种职业的成员——穿越第一个主要的包含边界。	1. 学会如何找一项工作，如何申请、如何进行一次工作访谈。 2. 学会如何评估一项工作和一个组织的信息。 3. 通过挑选和目测。 4. 做出现实的和有效的第一项工作的选择。
3. 基础培训（16～25 岁，角色：实习生、新手）	1. 学会应对工作和成员资格实际上是怎么回事的现实冲击。 2. 尽快成为一名有效的成员。 3. 适应日常的操作程序。 4. 作为正式的贡献者被承认，并穿过下一个边界。	1. 克服缺乏经验带来的不安全感，增加一种信任感。 2. 尽快“了解内情”。 3. 学会与第一个上司或培训者相处。 4. 学会与其他受训者相处。 5. 接受始业仪式和其他与做一名新手有关的仪式，从中学到点东西（多干下手活和“单调乏味”的工作）。 6. 负责地接受所进入的组织承认的正式标记，如制服、徽章、身份证、停车证、公司手册等。
4. 早期职业的正式成员资格（17～30 岁，角色：新的正式成员）	1. 承担责任，成功地履行第一次正式分配的有关义务。 2. 发展和展示自己的特殊技能和专长，为提升或进入其他领域的横向职业成长打基础。 3. 在自己的独立需要与组织约束和一定时期附属、依赖的要求之间寻求平衡。 4. 决定是否在这个组织或职业中干下去，或者在自己的需要和组织约束和机会之间寻求一种更好的配合。	1. 有效地工作，学会如何处事，改善处事方式。 2. 承担部分责任。 3. 接受附属状态，学会如何与上司和自己的同事相处。 4. 在有限的作业区域内发展进取心和主动性。 5. 寻求良师和保护人。 6. 根据自己的才干和价值观以及组织中的机会，重估当初决定从事的工种。 7. 准备做出长期承诺以及一定时期的最大贡献，或者转向一个新职位和组织。 8. 正确应对第一项工作中的成功感或失败感。

续表

阶段	面临的广义问题	特定任务
5. 正式成员资格，职业中期(25岁以上，角色：正式成员、任职者、终身成员主管，经理)(个人有可能停留在这个阶段)	1. 选择一个专业，成为一名多面手或进入管理部门，决定如何保证成为一名专家。 2. 保持技术竞争力，在自己选择的专业(或管理)领域内继续学习。 3. 在组织中确立认同感，成为人所共知的人； 4. 承担较高水平的责任，包括对他人和对自己的工作。 5. 成为职业中的一名能手。 6. 根据抱负以及所寻求的进步类型，以及衡量进步的指标等，设计个人长期职业规划。	1. 取得一定程度的独立性。 2. 提高自己的业绩，相信自己的决策。 3. 慎重评估自己的动机、才干和价值观，依此决定要达到的专业化程度。 4. 慎重估计组织和职业机会，依此制定下一步的有效决策。 5. 解除自己和良师的关系，准备成为他人的良师。 6. 在家庭、自我和工作事务间取得一种适当的平衡。 7. 如果业绩平平，任职被否定，或失去挑战力，应学会应对失败情绪。
6. 职业中期危机(35～45岁)	1. 针对自己决定求安稳、换工作或迎接新的更大的挑战的想法，着重重估自己的进步。 2. 从中年过渡的普遍性内容方面(一个人的梦想和希望与现实的比较)，评估职业抱负。 3. 决定工作和个人职业在自己一生中究竟有多大的重要性。 4. 适应自己成为他人良师的需要。	1. 开始意识到个人的职业锚——个人的才干、动机和价值观。 2. 现实地评估个人职业锚对个人前途的指导性。 3. 就接受现状或者争取看得见的前途作出具体选择。 4. 围绕所作出的具体选择，与家人达成新的共识。 5. 建立与他人良好的师生关系。
7. 非领导者角色的职业后期(40岁至退休，角色：骨干成员、有贡献的个人或管理部门的成员、有效贡献者或朽木)(许多人停留在这个阶段)	1. 成为一名良师，学会发挥影响，指导指挥别人，对其他人承担责任。 2. 扩大兴趣，增强以经验为基础的技能。 3. 如果决定追求一种技术职业或职能职业的话，要深化技能。 4. 如果决定追求全面管理角色的话，要承担更大范围内的责任。 5. 如果打算求安稳，在职业或工作之外寻求成长的话，接受影响力和挑战能力的下降。	1. 保持技术的竞争力，或者学会用以经验为基础的智慧代替直接的技术能力。 2. 发展所需要的人际和群体技能。 3. 发展必需的监督和管理技能。 4. 学会在一种整治环境中制定有效决策。 5. 学会应对“崭露头角”的年轻人的竞争和进取。 6. 应对中年危机和家庭的“空巢”问题。 7. 为高级领导角色作准备。

续表

阶段	面临的广义问题	特定任务
穿越包含和等级边界		
8. 处于领导角色的职业后期(可能于年轻时获得，但仍会被看做职业“后期”)，(角色：总经理、官员、高级合伙人、企业家、资深幕僚)	1. 为组织的长期利益发挥自己的才干和技能。 2. 学会整合别人的努力结果并扩大影响，而不是进行日常决策并事必躬亲。 3. 挑选和发展骨干成员。 4. 开阔视野，从长计议，现实地评估组织在社会中的作用。 5. 如果身为有贡献的个人或企业家，学会如何推销观点。	1. 从主要关心自我转而更多地为组织福利承担责任。 2. 负责地操作组织机密和资源。 3. 学会应对组织内部和组织与环境边界两方面的高水平的政治局面。 4. 学会在持续增长的职业承诺与家庭，特别是配偶的需要之间谋求平衡。 5. 学会高水平地行使责任和权力，而不是软弱无力或意气用事。
9. 衰退和离职(40岁至退休，不同的人在不同的年龄衰退)	1. 学会接受权力、责任和中心地位的下降。 2. 基于竞争力和进取心的下降，学会接受和发展新的角色。 3. 学会管理很少由工作支配的生活。	1. 在业余爱好、家庭、社交和社区活动、非全日制工作等方面，寻找新的满足源。 2. 学会如何与配偶更亲密地生活。 3. 评估完整的职业，着手退休。
离开组织或职业		
10. 退休	1. 适应生活方式、角色和生活标准的急剧变化。 2. 运用自己积累的经验和智慧，以各种资深角色对他人进行传帮带。	1. 在失去全日制工作和组织角色后，保持种认同感和自我价值观。 2. 在某些活动中依然尽心尽力。 3. 运用自己的智慧和经验。 4. 回首过去，感到有所实现和满足。

资料来源：[美]E. H. 施恩：《职业的有效管理》，仇海清译，北京，生活·读书·新知三联书店，1992。引用时有改动。

互动空间

通过学习以上两个职业生涯理论，你收获了什么？

三、职业生涯规划的方法

(一)职业生涯规划的步骤

职业生涯规划是一个循环过程，包括意识的觉醒与建立、评估自我、分析职业环境、确立职业生涯目标、实施策略与措施、评估与反馈六个步骤。

1. 意识的觉醒与建立

意识的觉醒与建立是个人职业生涯规划的前提。在这个阶段，个体意识到职业生涯规划的重要意义并愿意规划未来的发展道路，体现了主观能动性的作用。在规划进行的过程中，个体的意识会被逐渐激活，得到许多新的启示，总结更多经验，从而指导下一个环节的进行。

2. 评估自我

评估自我是个人职业生涯规划的基础。一个人只有深刻认识生理自我、心理自我、理性自我、社会自我等，才能对自己的职业做出正确选择。如果在不了解自身的情况下盲目规划，所做的职业规划是不科学的，在实施过程中也会遇到很多困难，最终阻碍个人职业生涯的发展。

3. 分析职业环境

分析环境是个人职业生涯规划的必要条件。人生活在社会环境中，社会中的各种因素都会影响个人的职业发展。环境分析分为宏观环境分析和微观环境分析。宏观环境与每个人都相关，微观环境要结合个人的专业与职业发展方向进行分析。宏观环境包括政法环境、经济环境、文化环境、科技环境、人口环境、自然环境等。微观环境包括企业、顾客、竞争者、公众等。

4. 确立职业生涯目标

制定职业生涯目标是个人职业生涯规划的核心。通过设定目标，可以指示前进方向、激发个人努力。目标可以根据时间设定，如制定短期目标(一般为五年以内)、中期目标(一般为五年至十年)、长期目标(一般为十年以上)，其中还可以细分为每日目标、每周目标、每月目标、年度目标等。此外，目标还可以依据类型而设定，如学习目标、工作目标、人际交往目标等。

5. 实施策略与措施

实施策略与措施是落实个人职业生涯规划的保障。这是为实现职业生涯目标制订的行动计划。包括选择职业发展路径、安排学习计划、接受培训、进行岗位实习等。

6. 评估与反馈

评估与反馈是个人职业生涯再成长的推动力。评估内容包括对个人意识形态以及发展的评估、对环境与机会掌握分析情况的评估、对职业目标的评估、对策略与方法使用情况的评估等。

互动空间

确定职业生涯目标

彼得森（Peterson）在1972年提出，一个有效的职业生涯目标要符合ABCDEFGM八个条件：

A(achievable)——可行的：即就你的能力和特点而言，实现这个目标是现实的、可能的。如果你是一位年过半百、超重、正过着安定生活的老人，但却试图实现一个在两周之内用4分钟跑完1000米的计划，那么这个目标就是不可行的。

B(believable)——可信的：即你真的相信自己能完成这个目标，对自己的能力非常有信心，相信自己能够在预定的时间内完成。高成就动机者通常会为自己设立可实现的、有一定难度的目标，这个目标是经过努力可以达成的。

C(controllable)——可控的：主要是指你对一些可能会最终影响到你实现目标的因素的控制能力。因此，你用什么方式来表达自己的目标非常重要。如果你说“我的目标是在XYZ公司获得一份工作”，那么你的这种表达目标的方式就违反了可控性的原则，因为这种表达方法忽略了被拒绝的可能性。而“我的目标是在下周三之前向XYZ公司申请一个职位”就是一个可以被接受的目标，因为你能控制相关的因素。依靠他人的帮助来实现自己的某一目标是有风险的，因为这可能会忽略目标设立的“可控”原则。如果你的目标关系到他人，那你就有必要邀请他们参与你的计划，以争取与他们的合作。

D(definable)——可界定的：即你的目标必须以普通人都能理解的口头语言或书面语言表达。一个长期目标的用词必须仔细推敲，这样才有可能将它进一步分解为一系列步骤或短期目标。有时要表述一个目标非常困难，因为那需要你把抽象的感觉变为具体的、清晰的陈述。

E(explicit)——明确的：即你只陈述某一特定的目标，并且在一段时间内只集中于这一个目标。同时，这个指导原则也要求你非常慎重地遣词造句。你可以说你的目标是要装修房间，但是“装修”到底是什么意思呢？是刷漆、修缮、重新布局、买新家具、换墙纸、打扫卫生？是所有的一切还是其中的一项或是别的什么事情呢？在一段时间内不能集中于同一个目标的危险在于：你同时有了别的目标，结果在接近最后期限的时候，你发现自己一个也没能完成。

F(for yourself)——属于你自己的：即你制定的目标应该是自己真正想去做的事情，而不是别人强加给你的。当然，在你的生活中一定有一些事是你无论喜欢与否也要去做的，但在你的生活中还有其他很重要的一部分就是你自己选择想要去完成的事情。如果你的老师指定你阅读50个单词，那你就不能把这个目标当作自己的目标，除非阅读50个单词这项任务是你自己有意安排的，无论老师是否指定任务，你都要完成它。

G(growth-facilitating)——促进成长的：即你的目标应该是对自己和他人均非伤害性或破坏性的。一个人可以设立在凌晨一点砸碎10家商店玻璃窗的目标，而且这个目标可以满足目标设立原则中除此条件外其他所有的原则，但这个目标无助于成长，并且伤害他人利益。

M(measurable)——可量化的：即你的目标尽量以一种能够用数字加以衡量的方式来表达，而尽量不要用宽泛的、一般的、模糊的或抽象的形式。只说“我会更加努力做好这项工作”或是“我的目标是更好地利用时间”是远远不够的。你怎样衡量“更加努力”和“更好”呢？你需要用一种可以衡量的方式来表达自己的目标，例如“我的目标是在下星期二晚上11点之前写完1页实验报告”。当下星期二到来的时候，你就会知道自己是否实现了目标，因为在设立目标的时候你使用了可以测量的单位。你要有一个可以衡量的成功或者失败的标准，以此来准确评价自己的目标。然后你可以把当前的目标保持下去，或是对部分目标进行调整，如果你认为有必要，也可以把它彻底放弃。

资料来源：白丽英：《大学生职业生涯规划》，北京，高等教育出版社，2013。引用时有改动。

问题：

根据以上原则，自行设计维度，确定你自己的职业生涯目标。

（二）职业生涯规划的原则

1. 清晰性

规划的制定要清晰明了，有明确的内涵、方向以及可测量的指标。不可模糊不清、逻辑混乱，否则在实施规划中将缺乏参考性与可操作性。

2. 可行性

职业生涯规划必须立足于自身实际情况，结合外部环境需求来制定。不能停留在美好的幻想或者根本无法实现的层面，否则既费时费力又无益于自身发展。

3. 阶段性

职业生涯是有阶段的，每个阶段侧重点不同，在制定规划时要循序渐进、依据各阶段的特点设计发展任务。不可笼统概括、用一套模式贯穿始终。

4. 灵活性

未来涉及很多不确定因素，因此，规划职业生涯目标与行动应有弹性，随着外界环境和自身条件的变化及时调整规划方案，否则规划可能会反过来制约个人发展。

5. 独特性

职业生涯规划没有完全统一的方式方法，因为每个人都是独立的个体，个体间具有差异性，个人应该针对自己的个性特点与优势，制定属于自己的独特的职业生涯规划，最终实现自己的人生理想。

连线职场

“把简单的事情做好”的克洛克

克洛克小的时候，家境贫寒，生活清苦，为此他从小就立志当老板。中学毕业后，克洛克到一家快餐店打工，老板安排他先干最简单的擦桌子的工作。但他认为擦桌子没有出息，还丢人现眼，于是很不情愿，毫无干劲。不久，他没打招呼就溜回家去了。回到家里他向父亲诉苦：“我不想干这份工作，擦桌子是不会有出息的。”父亲没有立即反驳，只是让克洛克把刚才用过的桌子擦干净。克洛克拿起擦布，三下五除二地擦完桌子。父亲叫住他，并且拿着一块白毛巾把他擦的桌子再擦了一遍，只见洁白的毛巾上立即印出了脏东西，分外刺眼，父亲对克洛克说：“孩子，擦桌子看似很简单，可要做好并不容易，如果连擦桌子这么小的事都做不好，又怎么能当上老板和当好老板呢？

克洛克似乎明白了父亲的意思，既羞愧又坚定地回到了快餐店，向老板要求继续干擦桌子的工作。他记住父亲的教诲：先把桌子擦好！于是他每次擦桌子都沿着一个方向擦，用五块毛巾擦五遍，渐渐地他擦桌子动作越来越利索，桌子擦得也很干净。他得到了老板的赏识，不久老板让他接管了快餐店，他做起了老板。

十年后，他创立了享誉世界的连锁公司——麦当劳。

资料来源：晏辉、万由祥：《企业文化》，北京，北京师范大学出版社，2012。引用时有改动。

（三）职业生涯规划的方法

进行职业生涯规划的方法有很多，通常来说有以下七种：

1. 自然发生法

自然发生法指到了该就业的时期，由于偶然的机会顺其自然地选择一种职业。这种方法的优势在于不需要耗费太多精力，一切顺从自然安排。但也存在偶然性太大、对职业缺少了解的问题，很有可能使个体在走上工作岗位之后才发现这份工作并不适合自己。

2. 目前趋势法

目前趋势法简单来说，就是人们追随市场趋势选择热门职业的一种方法。这种方法可以帮助求职者利用市场传递出的信号选择目前就业形势不错的工作。但也要注意将目光放长远，提防市场饱和存在的潜在危机。

3. 最少努力法

最少努力法指的是职业规划的出发点在于希望找一份轻松的工作。但是最少的努力一般不会得到最大的收获。

4. 拜金主义法

拜金主义法指的是追求待遇高的职业。每个人都想要高报酬的工作，但人们还需考虑职业中的其他因素，比如工作环境、晋升空间、企业文化、隐性福利等，只有在综合全面地考虑之后再做选择，才能找到真正适合自己的职业。

5. 刻板印象法

刻板印象指的是人们对某一类人或事物产生的比较固定、概括而笼统的看法。它既有积极的一面，也有消极的一面。积极的一面体现在可以帮助求职者根据经验判断职业是否合适，省时省力；消极的一面体现在可能会因固守原有的旧观念而丧失一些本不错的工作机会。

6. 橱窗游走法

橱窗游走法将个人找工作比喻成在橱窗外挑东西，但是要想真正了解某个职业究竟做什么工作，只凭简单的观察是很难达到的。所以建议在进行职业规划时多去实地看一看、问一问，这样可能会产生比较全面的看法或者形成对职业的新思考。

7. 假借他人法

假借他人法是指参考他人的意见进行职业选择。这种方法通过发动身边资源促进求职者多方面、多角度思考职业生涯问题。但要注意不可过分依赖他人，最后的决定权要掌握在自己手里。

总的来说，以上七种方法可以在一定程度上帮助个人进行职业规划，也可以同时使用多种方法以达到更好的效果。但最重要的原则还是多思考，根据个人能力、兴趣与外部环境做出最科学的规划。职业生涯规划还有一种方法叫“5W”法，也称归零思考法，可针对以上方法的不足之处进一步补充。“5W”法一共有五个问题：你是谁？你想做什么？你能做什么？环境支持你做什么？你最终的职业目标是什么？学会思考这些问题，个人将会对职业生涯有更清晰的规划。

互动空间

采访一位或几位你身边的人，看看他们对自己职业的看法，并在访谈结束后写一写你的感想以及对你进行职业规划的影响。访谈提纲可参考下面的案例。

人物访谈提纲案例：

1. 您为什么选择这个职业？

2. 为获得这个职业您做了哪些准备？

3. 做好这个职业需要哪些基本的知识、技能、素质？

4. 在工作中，您主要做哪些具体工作？从事这项职业的人都做了这些工作吗？

5. 您对这种职业有什么看法或评价？您喜欢这份职业的哪些地方？

6. 从事这项职业的工作条件怎么样？对工作环境、工作时间及工作着装等有什么具体要求？

7. 从事这项职业有没有危险性？

8. 从事这项职业的待遇怎么样？

9. 您认为这种职业的发展前景怎么样？您对您的公司怎么看？

10. 您认为我如果从事这个职业还需要做好哪些准备？

11. 我还想和业内其他人士谈一谈，您能否推荐几个人？

12. 请您说说给我的建议好吗？

资料来源：吕春明：《职业生涯发展与规划》，济南，山东人民出版社，2010。引用时有改动。

拓展阅读

斯蒂芬·金的作品《肖申克的救赎》(*The Shawshank Redemption*)也是学习“规划力”很有趣的教科书。这篇小说被拍成了电影，影片名为《肖申克的救赎》，因为电影非常卖座，相信很多读者都知道。

小说讲述了一位名为安迪·杜弗伦的三十岁男性从大银行信托部门主管高升到副总裁后，因为涉嫌杀害了妻子与妻子的情夫而被判终身监禁并入狱服刑，但是事实上他是被诬告的，为了自由最后他终于逃狱成功的故事。整部作品就在描写他如何成功越狱的策划过程。

越狱是一个很受欢迎的主题，史蒂夫·麦奎因主演的《大逃亡》中，挖掘地洞脱逃的过程也非常有趣。从筹划阶段到执行，都是根据明确的计划进行的，因此这些主题都能凸显规划力的重要性。

《肖申克的救赎》一书中最有趣的是男主角在狱中逐步提升了自己在狱中的地位。

例如他指导一位凶狠的狱卒如何从事投资，最后甚至连典狱长都成为他做投资顾问的服务对象，透过这种咨询服务他改变了自己与狱卒之间看守与被看守的关系。小说中描述了安迪免费帮狱卒海利填写文件、提出申请，改变两者关系的决定性一刻。

“我们所见所闻完全相同……我们的感受也都一样。突然间，安迪就转占上风。”

凶狠的狱卒腰上挂着枪，手上拿着棍棒。而且他背后还有其他同事与权力作为靠山，但是两个人的关系却完全改变了。书中描写道：“他们两个以男人对男人的立场单打独斗，安迪将狱卒打倒在地。”一般来说，犯人是被管理的一方，但是安迪凭着自己的专业知识为狱卒提供服务，有力地发展了与对方的关系。最后，他还在狱中获得了图书管理员的职务。

安迪接手了布鲁克斯的工作，担任了 23 年的图书管理员。为了改善图书室，安迪运用对付拜伦·海利的意志，将一间小小的摆满了《读者文摘》的选粹本与《国家地理》杂志的房间，改造成了新英格兰监狱中充满松脂香气且通风良好的顶级图书室。

之后安迪又改变策略，他设置意见箱调查囚犯们所关心的事情，写信给读书俱乐部请他们以特别折扣提供书籍，同时也获得了大家对雕刻、手工艺，以及希望拥有自己的卡片等的爱好及需求信息，并收集了许多与兴趣有关的书籍。

然后安迪又开始写请愿信给州议会，要求给予图书室经费。这项请求屡屡遭拒，但是到了 1960 年，州议会给监狱寄来一张 200 美元的支票。州议会认为只要略施小惠就能封住安迪的口。但是安迪充满信心，认为自己已经把半开的大门抵住不让它关上了。因此他更加努力，原本每星期寄一封的请愿信也增加到两封。

这正是他厉害的地方，一旦事情开始顺利发展，他绝对不会罢休。普通人要是拿到了 200 美元的经费，一定会高兴得就此罢手，但是安迪恰恰相反。安迪认为自己已经取得了一定的成果，紧接着更要快马加鞭，于是更加频繁寄出请愿信。然后在 1962 年他收到了 400 美元，在 1971 年收到了 1000 美元。

任何事情都一样，要走到有路的地方非常辛苦。在这之前有一个酝酿的阶段，之后就是一步一步地把路打开。在没有路的地方开辟出一条新路，实现这种质的变化是很辛苦的。但其实质变也是由于积累达到了一定的量，才得以开花结果。请愿信只寄一次并不够，要每周都寄才会有效。

根据书中的描述，安迪从 1954 年开始寄请愿信，到 1960 年州议会寄来了 200 美元。每周一封信，累积下来也是惊人的数目，他寄出的信超过两百封。前一百封信没有起到作用，当超过两百封时，对方也终于受不了了，不得不采取一些行动。正是因为有了量的积累，才激发了质的改变。

这里很关键的一点是，若能清楚意识到每个阶段的重要性，就能拥有远见并甘愿为之不断努力。看不到未来却得继续努力是很痛苦的事。但是只要能不断坚持，一定会产生质的变化。只要了解到一点一滴的改变能提升变化的幅度，就有毅力继续坚持下去。这就是进步的基础。

举例来说，孩子从不会骑自行车开始，练习到了某个瞬间突然就会骑了。这个瞬间就是质变的瞬间。之后孩子只要增加会骑车的那个瞬间，事情就会渐入佳境。“完全不会”跟“做对了一次”根本是两回事。第一次做对了，千万不要以为那是一百次中偶然做对的一次，必须去思考“做对了一次”的那个方法并应用有效方法继续尝试，这样总有一天能做对一百次。这么一来，你就能够预见未来。

如果能看清每一步的规划，就能为了一次的成功孜孜不倦地反复练习。一旦产生质的变化，就可以提高练习的频率，从一周一次增加到一周两次。这个习惯能培养并锻炼出让你大幅改变现实的规划力。

资料来源：[日]斋藤孝：《规划力：如何清晰预见成功轨迹》，曹姮、黄桂译，南昌，江西人民出版社，2018。

项目训练营

一、世界五百强企业的测试题

有一家人决定搬进城里，于是去找房子。全家三口包括夫妻两个和一个5岁的孩子。他们跑了一天，直到傍晚，才好不容易看到一张公寓出租的广告，他们赶紧跑去，房子出乎意料的好。于是，就前去敲门询问。

这时，温和的房东出来了，对这三位客人从上到下地打量了一番。丈夫鼓起勇气问道：“这房屋出租吗？”房东遗憾地说：“啊，实在对不起，我们公寓不招有孩子的住户。”丈夫和妻子听了，一时不知如何是好，于是，他们默默地走开了。那5岁的孩子，把事情的经过从头至尾都看在眼里。那幼小的心灵在想：真的就没办法了？他那冻得通红的小手，又去敲房东的大门。这时，丈夫和妻子已走出5米来远，却都回头望着。

门开了，房东又出来了。这孩子精神抖擞地说……

房东听了之后，高声笑了起来，决定把房子租给他们住。

问题：这位5岁的小孩子说了什么话，终于说服了房东？

二、压力十大来源

美国职业压力协会曾指出压力的来源主要有以下十种：

1. 儿童时期的精神创伤；
2. 挚爱的去世；
3. 离异；
4. 经济；
5. 工作；
6. 健康；
7. 个人感情；
8. 孩子长期生病；
9. 怀孕；
10. 危险，即任何对常人而言不合常规的危险事件。

练习：问一问自己"目前的压力来自哪里"，然后思考"我需要做什么来解决这个问题"。

三、人工智能时代，如何才能不被取代？

智能时代，机器取代人的工作早已不是什么新鲜事，比如"无人超市""无人驾驶"等，近期又出现了"无人银行"。四大行之一的中国建设银行，在国内推出的首家无人银行在上海正式开业。走进银行，没有保安，取而代之的是人脸识别和摄像头；没有大堂经理，取而代之的是指引你办理各项业务的机器人；更没有柜员，取而代之的是智能柜员机。仅有少数复杂的任务需要人工，但也只需戴上耳机，远程一对一办理。

麦肯锡的一份报告显示，到2030年，全球有多达8亿人的工作岗位可能被机器人取代，这相当于当今全球劳动力的五分之一。

思考：在人工智能时代，如何做到不被取代？

参考文献

1.《现代汉语词典》(第六版)[W]. 北京：商务印书馆，2012.

2. 李新明. 校之亲[M]. 西安：西北大学出版社，2013.

3. 张建. 职校生现代文明修养读本：文明行者[M]. 徐州：中国矿业大学出版社，2012.

4. 曹任云. 青春风铃[M]. 北京：光明日报出版社，2013.

5. 郭林生. 世界500强企业员工的15种美德[M]. 北京：华夏出版社，2008.

6. 荆彦凯. 你在为自己的幸福工作[M]. 北京：中国国际广播出版社，2005.

7. 聂小丹. 七分做人，三分做事全集[M]. 哈尔滨：哈尔滨出版社，2010.

8. 竭宝峰. 影响青少年的100个诚实守信故事[M]. 沈阳：辽海出版社，2009.

9. 元亨利. 好家风带来好政风[M]. 北京：中国法制出版社，2018.

10. 吴畏. 城市轨道交通职业道德[M]. 北京：中国铁道出版社，2016.

11. 吕晓燕. 工作态度决定职场成就[M]. 北京：光明日报出版社，2016.

12. 杨建刚，何伟. 敬业精神：优秀员工的职业基准[M]. 北京：中华工商联合出版社，2007.

13. [美]科里·帕特森，约瑟夫·格雷尼，罗恩·麦克米兰，艾尔·史威茨勒著. 关键对话：如何高效能沟能[M]. 毕崇毅译. 北京：中国财政经济出版社，2004.

14. [美]马歇尔·卢森堡. 非暴力沟通[M]. 阮胤华译. 北京：华夏出版社，2016.

15. [美]卡伦·巴鲁克-费尔德曼. 坚毅力：青少年告别畏难放弃的行动计划[M]. 黄玮琳译. 北京：机械工业出版社，2018.

16. 阳立新. 大学生职业生涯规划与就业指导[M]. 江苏：江苏大学出版社，2016.

17. 卫刚. 学会学习：给高中生的建议[M]. 南京：东南大学出版社，2010.

18. 联合国教科文组织．教育：财富蕴藏其中[M]．北京：教育科学出版社，2014.

19. 赵国秋．心理压力与应对策略[M]．杭州：浙江大学出版社，2006.

20. 黄晓煜，孙金铎．科技创新简明教程：如何成为创新型人才[M]．沈阳：东北大学出版社，2017.

21. 乔楚．彩色图解十万个为什么[M]．北京：中国华侨出版社，2017.

22. [美]莉迪娅·安德森，桑德拉·博尔等．初入职场：美国 AAA 级职业规划指导手册[M]．王佳艺译．北京：中国人民大学出版社，2010.

23. 姚裕群．职业生涯规划与发展(第 2 版)[M]．北京：首都经济贸易大学出版，2007.

24. 马洪立，李宝元，杨文革．现代职业生涯管理学[M]．北京：北京师范大学出版社，2012.

25. 佘继标．赢在职场 1：做不可替代的员工[M]．北京：印刷工业出版社，2012.

26. 曹颖．大学生职业生涯规划实务[M]．哈尔滨：东北林业大学出版社，2011.

27. 高海涛．学会自我管理：梦想、选择和自我实现[M]．北京：中国青年出版，2014.

28. 李兴洲，单从凯．职业生涯规划(第 2 版)[M]．北京：北京师范大学出版社，2019.

29. [美]斯图尔特·弗里德曼．沃顿商学院自我管理课[M]．郭慧泉译．北京：北京联合出版公司，2016.

30. 白丽英．大学生职业生涯规划[M]．北京：高等教育出版社，2013.

31. 晏辉，万由祥．企业文化[M]．北京：北京师范大学出版社，2012.

32. 吕春明．职业生涯发展与规划[M]．济南：山东人民出版社，2010.

33. [日]斋藤孝．规划力：如何清晰预见成功轨迹[M]．曹姮，黄桂译．南昌：江西人民出版社，2018.

34. 核心素养研究课题组．中国学生发展核心素养[J]．中国教育学刊，2016(10).

35. 楼飞燕，王曼，杜学文．德国职业教育核心素养的探究及启示[J]．黑龙江高教研究，2018(1).

36. 赵志群．职业能力研究的新进展[J]. 职业技术教，2013(34).

37. 方健华．中职学生职业核心素养评价及其标准体系建构研究[D]. 南京师范大学，2014.

38. 谢丹丹，王海波．坦诚是最强的职场实力[J]. 中外管理．2015(5).

39. 赵聪环，周作宇．论大学生的自我领导力教育[J]. 大学教育科学，2017(2).